区域地理论丛

QUYUDILILUNCONG

本科生科研训练和创新人才培养专辑

北京师范大学"区域地理国家级教学团队"◎组编

北京师范大学出版集团
BEIJING NORMAL UNIVERSITY PUBLISHING GROUP

北京师范大学出版社

图书在版编目(CIP) 数据

区域地理论丛.本科生科研训练和创新人才培养专辑／葛岳静主编.—北京：北京师范大学出版社，2011.10
ISBN 978-7-303-13248-5

Ⅰ.①区…　Ⅱ.①葛…　Ⅲ.①区域地理–丛刊②地理学–人才培养–高等学校–文集　Ⅳ.① P94-55

中国版本图书馆 CIP 数据核字（2011）第 160576 号

营 销 中 心 电 话　　010-58802181 58808006
北师大出版社高等教育分社网　http://gaojiao.bnup.com.cn
电 子 信 箱　　beishida168@126.com

出版发行：北京师范大学出版社 www.bnup.com.cn
　　　　　北京新街口外大街 19 号
　　　　　邮政编码：100875
印　　刷：北京嘉实印刷有限公司
经　　销：全国新华书店
开　　本：184 mm × 260 mm
印　　张：8.25
字　　数：195 千字
版　　次：2011 年 10 月第 1 版
印　　次：2011 年 10 月第 1 次印刷
定　　价：22.00 元

策划编辑：胡廷兰　　　　责任编辑：胡廷兰
美术编辑：毛　佳　　　　装帧设计：毛　佳
责任校对：李　菌　　　　责任印制：李　啸

序　言

　　教学团队建设旨在提高我国高等学校教师素质和教学能力，促进高等教育教学质量的科学改进与提高。2007 年，教育部等颁发了《教育部、财政部关于实施高等学校本科教学质量与教学改革工程的意见》的文件，在全国高校范围内，评选首批百个国家级教学团队，北京师范大学"区域地理国家级教学团队"和兰州大学"地球系统科学国家级教学团队"名列其中。2008～2010 年是教育部首批国家级教学团队建设的关键时期，《区域地理论丛》正是北京师范大学"区域地理国家级教学团队"实施这一工程的集体成果之一。

　　《区域地理论丛》的目标，是探索区域地理学的基本问题，它以不同空间尺度的人地关系地域系统为研究对象，阐明区域景观、格局与过程，凸显人口、资源、环境和区域的可持续发展。在理论层面上，区域地理是地理学的核心内容，也是历久弥新的领域。在教学实践上，区域地理是地理学教学的切入点和归宿，能够集中体现地理学的综合性和地域性，融自然地理、人文地理和应用地理于区域地球表层系统的综合观察和分析之中，将地理学理论渗透到实践应用之中，更是高校地理类专业培养学生综合地理思维的重要内容。在社会应用上，区域地理面向国家社会经济发展的重大需求，适合开展国情教育；区域地理同时也面向经济全球化浪潮的碰撞和冲击，为政府主导下的多元区域发展提供科技支撑。总之，区域地理可以成为地理学各分支学科在不同空间尺度下的耦合系统，也是统筹各地理分支学科协调发展的重要平台。

　　区域地理教学团队以建设专业水平高、教学能力强、结构合理的师资队伍为重点，以提升专业教学内容和优化专业教学方法为攻关任务。近年来，在加强区域地理教学团队的建设过程中，我们已尝试完成了部分工作，并取得了初步成效：组织编写区域地理系列教材，开通团队—课程网络，定期举办"区域地理教学沙龙"，以及出版这套《区域地理论丛》。相信《区域地理论丛》的编撰出版，可以为展现和汇报北京师范大学区域地理教学团队建设的成果发挥特殊作用。《区域地理论丛》的成果形式有两种：一种是年度专辑，为年报性质，以总结年度区域地理的重要事件和相关教学科研动态为主；一种是专刊，为专题研究类，以出版区域地理教学科研中的专项课题成果为主，拟设 6 期，按专题分册，各分册执行主编分别由北京师范大学"区域地理国家级教学团队"成员中的教授担任。

　　《区域地理论丛》的创办和发展，以科学发展观为指导，在加强北京师范大学区域地理教学团队自我建设的同时，努力促成校内与校外互动、国内高校同行之间的教学与科研互动。欢迎各地理学科的教学团队、从事区域地理教学与研究的教师和学者，以及关注区域地理发展的高校师生参与和撰稿。希望《区域地理论丛》可以促进所有同行携手，广泛汲取营养，共创辉煌。希望经过大家的共同奋斗，能在高校区域地理教学同行中搭建一个成果集成的框架，能积极适应和服务于国家经济社会的重大建设目标，成为引领全国区域地理教学、科研的某种示范。

王静爱

2009 年 3 月

前　言

　　大学生创新能力的培养，是指在大学生课程学习的同时，为大学生提供科学研究、社会探究和自然观察的平台，在教师指导、师生互动、团队工作中，让学生提高发现问题、解决问题、创造新知的能力的过程。

　　"创新能力是一个民族进步的灵魂，是国家兴旺发达的不竭动力"。基于此，"十一五"期间，国家自然科学基金委员会设立了人才培养基金项目，重点资助国家理科基地在大学生能力提高、条件建设、教材建设等领域的研究与实践。2006～2008年，北京师范大学、南京大学、北京大学、兰州大学、华东师范大学和福建师范大学六所大学的地理学科先后三批得到了"大学生能力提高——科研训练"项目的重点资助。西北大学的地质学基地还于2006年和2010年两次得到同类项目的重点资助。

　　国家自然科学基金委员会于2009年7月在福州组织了2006年地学基地立项项目的验收和2007年立项项目的中期检查，于2010年8月在北京组织了2007年立项项目的验收和2008年立项项目的中期检查。各个地学基地正确认识21世纪人类社会发生的深刻变化和时代对教育提出的新要求，共同在地学创新人才培养的新理念指导下，努力探索新形势下的地学人才培育模式、机制和体系，在促进学生积极主动地探求知识、激发志趣与能动性并初步形成科研成果方面取得了可喜成绩。

　　基于以上背景，本辑汇集了7个理科基地实施国家基础科学人才培养基金项目的报告，以及北京师范大学国家理科基地(地理学)的有关论文。全辑主要分为四个部分。

　　第一部分，"地理学本科生科研训练体系构建"。理科基地是践行国家人才战略、培养创新人才的重要平台。这一部分基于北京师范大学国家理科基地(地理学)施行国家基础科学人才培养基金的课题方案，对其构建本科生科研训练体系、培养学生创新能力的基本理念和思路进行了介绍。

　　第二部分，"区域地理课程和大学生创新能力培养"。区域地理是地理学的核心内容，区域地理课程是高校地理课程体系的重要组成部分。这一部分从"世界地理""中国地理"和"乡土地理"三门课程的不同角度，展现北京师范大学国家理科基地(地理学)将课程建设、课程实践、课程学习和大学生科研训练结合起来，以区域地理课程平台为依托，培养学生创新能力的主要做法和经验。

　　第三部分，"科学研究和大学生创新能力培养"。亲身参与实际的科学研究工作、依托重点实验室的高水平科技平台以及运用现代教育技术手段，是北京师范大学国家理科基地(地理学)让学生从"做研究"中"学创新"的重要途径。这一部分主要介绍北京师范大学国家理科基地(地理学)不同专业背景的教师通过不同途径，依靠科学研究培养学生创新能力的理念、措施和成果。

　　第四部分，"借鉴和交流"。这一部分汇集了兰州大学、西北大学、华东师范大学、北京大学、南京大学、福建师范大学6个理科基地(地学)的经验，介绍了其利用国家基础科学人才培养基金进行本科生科研训练的主要情况，并对各个理科基地（地学）的概况、做法、特色和成效进行了阐述。

此外，本专辑还在"感悟和反思"中，收录了在培养学生的过程中指导教师的一些切身体验。在"京师地理学基地建设相关成果撮要"部分，简要介绍了项目实施过程中，北京师范大学国家理科基地（地理学）师生们共同取得的教研和科研成果。

综上，本辑聚焦于大学生创新能力培养的主题，一方面展示了北京师范大学的理念与实践，另一方面展示了兄弟院校的经验和成果。希望从这一重要侧面，为全国地理教育工作者提供一个思考的维度和工作交流的平台，共同服务于中国创新型国家建设赋予大学，特别是理科基地所在高校的创新型人才培养的崇高使命。

目　录

地理学本科生
科研训练体系构建

"地理学本科生科研训练体系的构建与实践"
课题的总体设计 *

葛岳静，王静爱，杨胜天，刘宝元

北京师范大学地理与遥感科学学院，北京 100875

摘要： 大学本科阶段是创新性人才培养的关键时期。以研究性教学和教学科研互动的新理念，依托北京师范大学地理学基地所拥有的国家、教育部和北京市重点实验室、国家重点学科、国家级科学研究和教学研究项目等丰富的科研资源，以及院士、长江学者、杰出青年基金获得者、教学名师等高水平的"首席导师＋指导团队"师资，建立并完善本科生科研立项制度，关注学生早期科研训练，构建多学科平台、多元模式、多阶段的"阶段—学科—能力"三维体系的因材施教的科研训练体系，加强本科生的科研素质和科技能力培养，使学生的知识、能力、素质相辅相成，得到全面的发展。

关键词： 本科生；科研训练体系；构建；设计方案

1 课题研究与实践的意义、拟解决的关键问题和思路

经过基地建设与改革的探索，北京师范大学国家理科基地教师深刻认识到：大学本科阶段是创新性人才培养的关键时期，科研训练是推动创新人才成长的驱动力。创新性人才培养须在科研与教学的有机结合中，发展学生的创造性，促进学生知识水平、科研能力和综合素质不断发展和提高。本科生科研训练基于研究项目和实验室平台，其核心是激发研究兴趣和创新欲望、培养研究素质、提高研究能力。

作为科研促进人才培养的教学改革试点，北京师范大学国家理科基地本着积极探索、勇于实践的思想，借助基金项目，计划重点探索本科生科研训练和能力提高的目标以及其实施途径、培养模式、能力提高测度等主要内容。

为确保科研训练目标的顺利实现，需要进一步完善本科生科研能力训练的师资保障、物质条件和激励机制。第一，构建以院士、长江学者、国家杰出青年基金获得者等学术带头人，国家级教学名师、国家精品课程主持人、国家级教学成果奖获得者等教育教学带头人为本科生科研训练首席导师的制度，引导本科生科研训练的方向，引导本科生高起点地开展科研训练，并与相关的教师、研究生组成教学团队，共同完成阶段性科研训练目标。第二，以重点实验室仪器设备支持本科教学，制订本科生科研指南，鼓励学生立项研究，同时制订政策鼓励各课题负责人吸收优秀本科生参加科研工作。第三，在学校、基地设立两级本科生科研训练立项项目，并将项目成果作为推荐免试攻读硕/博研究生的重要条件，以此激发学生的研究兴趣和创新意识，加强学生的动脑、动手、动口能力素质训练。

对本科生的科研能力训练应该遵循因材施教的教育方针。尊重学生的能力差异和兴趣取向，依托教师的研究优势和特色，构建殊途同归的多学科平台、多元模式、多阶段的因材施

---

* 本文依据国家基础科学人才培养基金项目（NFFTBS-J0630532）的总体设计方案改编而成。

作者简介：葛岳静（1963— ），女，理学博士，教授。北京师范大学"区域地理国家级教学团队"成员。2006～2010年为北京师范大学国家理科基地（地理学）负责人。geyj@bnu.edu.cn。

教、因师设法的综合科研训练新体系,它包含以下几种主要的科研选题组织模式。

(1)基于课程平台的群体训练。

(2)基于教学实践的分组训练。如野外实习、生产实习、毕业论文等。

(3)基于学科和实验室平台的方向训练。如国家重点学科、国家重点实验室、教育部重点实验室、北京市重点实验室等提出的本科生科研指导性立项指南。

(4)基于导师课题的专项训练。如国家级课题、导师具有研究兴趣的长期研究课题、学生长期主动研究的课题(前期积累)。

(5)基于导师特色的梯队训练。如院士(长江学者、杰出青年、教学名师、跨世纪人才等)—研究生—本科生(名师高徒)、外籍专家—研究生—本科生(国际交流)、导师—本科生:课程—项目—论文(系列跟踪)、导师—不同类型的本科生(滚动培养)。

基于以上新目标、新机制、新模式,拟构建如图1所示的本科生科研训练新体系。

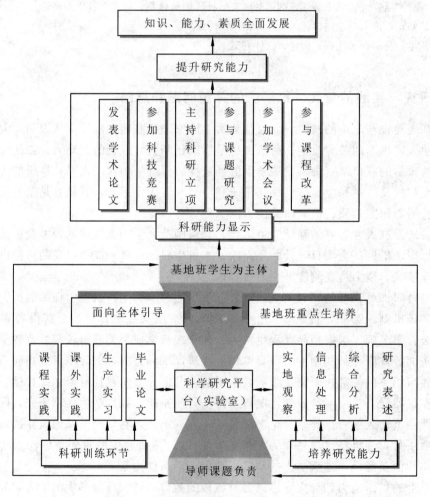

图 1 地理学基地科研能力训练体系图

Fig. 1 The research training system of geography base

2　科研训练方案

依据基地师资力量、实验平台和科研状况，北京师范大学国家理科基地一方面在学院网站公开学院教师的研究方向、执行课题、实验平台和主要设备等，为学生选择导师/导师组从而更早地进入科研项目组、进入实验室奠定条件；另一方面进一步完善基地班动态导师制，使基地班学生可从二年级开始，依据学院公开的教师的科研信息、开放的实验室平台，双向选定导师，并可在三四年级根据导师研究课题和学生的兴趣异动更换导师，让尽可能多的教师参与以确保基地班学生人人有导师的科研指导，使学生的能力、兴趣、机会得到有机结合。

在上述指导思想和总体思路下，本基地形成如表1所示的本科生科研能力训练方案。

表 1　地理学基地班本科生科研能力训练方案

Tab. 1　The research training program for geography base students

类别	A	B	C	D
科研训练目标	兴趣、励志与视野：培养科学精神和科学价值观	野外实践能力；实验技能	信息获取—交流—加工—共享；地表过程和空间分析能力	综合素质和立体能力
	发现问题、提出问题、分析问题、解决问题			
科研训练平台	名师系列讲座	野外实习、实验等	课程	实验室与科研项目
	自然地理国家重点学科、遥感科学国家重点实验室、环境演变与自然灾害教育部重点实验室、环境遥感与数字城市北京市重点实验室等			
首席导师	戴永久 教授长江学者	刘宝元 教授杰出青年基金获得者	王静爱 教授教学名师	李小文 教授院士
成果形式	《北京师范大学地理学基地名家讲坛》及光盘	实验/实习报告；学科方法论的课程作业；学年论文等	项目申请报告；学年论文	学生科研论文
子项目序号	A1	B2—B4	C5—C11	D12—D20

3　内容与安排

按照前述科研训练体系和方案，本项目设立了四组共计 20 项子课题。

3.1　基于学科平台的科研视野、兴趣和励志教育

A1　科研视野、兴趣和励志教育与实践

成功的学者往往有着深厚的文化和科学底蕴。为培养高水平的科研后备人才，必须开展励志和视野教育，唤起学生的科研兴趣，培养对科学研究价值的认同感。项目将邀请国内外地理学界名师，面向基地全体学生，开设"地理科学导论"，培养科学精神，使学生理解科学价值观，并让学生从起点开始就接触名师，感悟科学家的成功要素，树立远大理想。同时，增进学生对地理学的了解和兴趣，掌握从地理学的角度认识、分析和解决这些问题所需要的知识、理论和方法，学会学习和发现问题。

指导教师：杨胜天、梁进社

杨胜天：男，1965 年生，院长，理学博士，教授，博士生导师。研究领域为水资源与水环境、环境遥感、地理信息系统。

3.2　基于野外实习和实验课程的科研能力训练

B2　地理野外研究方法训练与能力培养

系统设计地理学野外研究方法教学大纲和野外工作能力培养方案，并结合自然地理与人文地理相关课程的野外实践教学环节，实现对学生野外研究方法的训练和野外工作能力的培养。基本内容包括：野外定点定位方法，基础地理图件的分析与应用，典型地理现象的野外识别与分析，野外观察记录与资料整理规范，野外考察路线设计，野外观察点(监测点)的选择，观察点(监测点)地理信息、样品和数据的获取，研究区野外与实验数据综合分析，研究区特征断面的建立与地理规律分析。

指导教师：邱维理、谭利华、张科利、张光辉、邱扬、谢云

邱维理：男，1961 年生，理学博士，副教授，全国高校地质学教学研究会理事会理事、秘书长。研究领域为地貌与第四纪环境，应用自然地理学与土地资源评价。

B3　开放实验室与学生实验操作能力培养

依托学院地理学教学实验中心和各级研究型实验室，从三个方面培养学生的实验能力：①基于已有的独立实验课程，培养学生基本实验技能；②新开"地学仪器分析""地理学实验方法""遥感科学基础实验"等实验课程。一是让学生直接参与新增实验项目的设计；二是在培养学生掌握现代仪器分析能力的同时，设计几组对比实验项目，比较传统实验方法与现代仪器分析方法，提出现代仪器分析中需要注意的问题；③通过学生参与本科生研究项目和教师科研项目的方式，在导师指导下，设计和实施实验，培养学生独立分析和解决问题的能力。此外，加强实验教学课程建设，并总结上述内容，编写实验教材。

指导教师：温淑瑶、王晓兰、高晓飞、刘素红、林冬云

温淑瑶：女，1967 年生，理学博士，高级实验师，研究领域为环境化学、土壤侵蚀。

B4　地理综合创新性研究实习

依托北京延庆教学实习基地，以"3S"技术与地表定位观测技术为支撑，以地理学理论为指导，以流域管理为研究对象，开展基地班创新型地理综合实习与科研训练。通过学生自主命题、方案设计、信息分析和问题解析等环节，综合训练学生发现问题和解决问题的能力，提高学生现代野外实验设备使用、空间信息和时间序列数据综合分析的能力，引导学生进行地理传统调查和现代地表过程数值模拟相结合的地理综合研究方法实践，促进学生对地表物理过程、化学过程、生物过程和人文过程的认识。

指导教师：杨胜天、黄大全、苏筠、孙睿

杨胜天：男，1965 年生，院长，理学博士，教授，博士生导师。研究领域为水资源与水环境、环境遥感、地理信息系统。

3.3　基于课程的科研能力训练

C5　人文地理学与经济活动空间研究方法训练

结合"人文地理学""城市规划""经济地理学"等课程和相关教学环节，通过二至四年级的系统训练，使学生建立经济活动的空间概念，掌握并熟练运用空间分析的基本方法，准确科学地观察、发现并辨识经济活动的空间现象与客观规律，增强实地观察、数据信息搜集处理

和综合分析的能力，并在毕业论文和生产实习等研究性学习环节中能够正确地选择方法论和与之相对应的方法。

指导教师：周尚意、吴殿廷、朱青、朱华晟

周尚意：女，1960 年生，城市与区域规划研究所所长，理学博士，教授。

C6 从空间信息分析能力到地理综合能力训练

通过课程、实习和科研项目形成地理学理科基地人才从空间信息分析能力到地理综合能力培养的环节和保障。主要培养对象是理科基地班的学生（20 人）和 GIS 专业的学生（约15 人）。

课程环节：在二年级（上）开设的"地理信息系统""环境学"、二年级（下）开设的"地学统计"、三年级开设的"GIS 分析与应用"等课程中，除随班进行课程中专业知识、空间信息获取及分析方面相关知识和技能的学习外，增加以下专门性的技能训练。①以小组为单位的课程项目实习——熟练掌握应用 GIS 软件进行空间数据录入、成图、图层叠加分析等技能；②应用 GIS 进行环境因子空间分布专题分析，如分析北京市各空气质量监测站点的数据，得出不同功能区的空气污染水平分布情况，并进一步分析可能存在的重要污染源的类型；③将地学统计分析方法与 GIS 相结合的实例分析；④GIS 在生态、土地退化等方面的应用实例分析。

科研项目环节：每年设立 3～5 项与本平台相关的学生理科基地项目和学生科研项目，培养二至三年级 5～10 人理科基地班学生，带动 2～10 人其他专业的非基地班的学生进行空间分析与地学专业分析方法相结合的技能训练。

实习环节：三年级暑假开设为期 2 周的地理学综合实习，进行应用"3S"技术同地貌、土壤、植被调查，水土保持研究等其他能力相结合的综合分析能力的全面训练。并通过综合项目引导，加强以下几个方面的综合能力训练：①环境调查与分析模拟，如城镇—郊区—乡村噪声污染情况分析，全国范围内酸沉降污染情况分析以及控制区的设立等；②空间数据分析与应用训练，如选取实习区域布点进行坡度的实际测量，比较 DEM 不同坡度算法的精度，以 DEM 数据提取地形因子并与水土保持等其他因子相结合建立模型等。

（四年级）毕业论文：结合导师的科研课题进行综合能力的实际演练，发表成果。

指导教师：刘慧平、刘锐、章文波、张晶

刘慧平：女，1963 年生，理学博士，教授，博士生导师。研究领域为应用遥感技术和GIS 技术进行土地利用研究、区域土地利用动态研究等。

C7 增强本科生地理空间信息表达能力的训练

以"地图学"和"地理多媒体教育技术"两门课程为平台，通过设定或自选题目，在教师指导下，完成专题系列地图从内容设计、数据搜集与处理，到系列地图编制、成果整饰的全过程。在传统空间信息图形表达训练的基础上，进一步延伸到以多媒体方式扩展空间信息的表达形式和功能的训练，从而构成学生地理信息可视化表达能力的坚实基础。预期目标是使学生掌握地理空间信息的不同图形、媒体表达方法，以及基于视觉思维的现代地理信息分析和处理技术。

指导教师：朱良、温良

朱良：男，1962 年生，副院长，副教授。研究领域为多媒体网络教学技术、计算机制图等。

C8　高分辨率三维重建能力训练

结合开设"摄影测量""遥感图像处理""计算机图形学"以及"GIS 软件分析"等课程，开展"用高分辨率遥感影像快速提取和重建三维建筑模型"的研究能力训练。

利用 GPS、三维激光扫描仪以及全站仪等仪器获取校园特征地物的三维空间信息，通过高分辨率遥感图像或航片、地形图以及数码相机等提取校园建筑物的轮廓。在此基础上提取校园数字地面模型（DSM）和对建筑物、道路模型进行拼接，得到完整的校园地形地物三维模型，实现部分三维虚拟北京师范大学校园；实现三维城市模型的提取，开发一个原型系统，从中训练遥感影像解译能力和遥感影像处理能力。具体目标是：让学生通过（3S）技术研究如何利用上述的实验仪器和地理数据建立三维数据模型以及准确而又高效地构建空间实体，通过编程语言实现三维空间实体的可视化，并且研究针对大数据量的空间信息的简化技术，实现大数据量空间模型的快速重建和可视化。

指导教师：张立强、张吴明

张立强：男，1975 年生，博士，副教授。研究领域为网络三维数字地球系统、地网软件 GeoBeans 三维景观系统等。

C9　区域多元信息—多教学环节—师生双向反馈的研究能力训练

基于国家精品课程"中国地理"平台，进行区域地理综合分析科研能力训练：①区域地图应用与综合分析；②区域视频应用与综合分析；③区域遥感应用与综合分析。形成"导师—研究生助教—本科生"三位一体的研究梯队，通过讲课、作业、学术论坛、面试、实习、小论文等多教学环节，实施科研能力训练。每年重点训练 20 名基地班学生，辐射和带动 60～70 名大三学生；完成"区域地理综合分析能力训练报告"；指导学生发表论文 2～3 篇。

指导教师：王静爱

王静爱：女，1955 年生，教授，博士生导师，国家精品课程"中国地理"主讲人，2006 年国家教学名师奖获得者，2001 年、2005 年分获国家级教学成果一、二等奖，目前担任学院教学委员会主任。

C10　基于"世界地理"课程的 RAGs 科研基本素养训练

依托"世界地理"课程，培养学生以下能力：①地理要素在区域内的集成和区域间关联分析能力；②全球、系统、关联、比较、多视角地思考问题能力；③综合分析、表达、组织、批判等能力。组织 RAGs(Reading & Analysis Groups)，选定世界热点地理问题/区域，通过三部曲学习(A Fact-finding Phase，发现问题→An Analysis & Synthesis Phase，分析问题→A Conclusion & Lessons Learnt Phase，系统集成)，合作探究其地理基础、热点问题的地理背景。

指导教师：葛岳静、黄宇

葛岳静：女，1963 年生，学院党委书记，教授。研究领域为全球化与区域发展。2001 年、2005 年获国家级教学成果一等奖。

C11　北京城—乡小样带调查

依托"乡土地理"课程，采用立项申报的方式由选课学生自行组队，并用科研项目管理流程来组织教学—科研实践活动。选取北京"天安门—西长安街—复兴路—石景山路"沿线长约 45 km、宽 2 km 的带状区域为调查样带，以土地利用、环境状况、交通情况、人口活动特征等为主要调查内容，训练学生用仪器测量、社会调查等方法获取站立点区域的相关地理要素的基础信息，并综合集成、分析从城市到乡村的区域地理特征的变化及规律，着重培养学生实地观测、综合分析小空间尺度的区域地理问题的科研能力。

　　该样带从地形上看，呈现出平原区—山前洪积扇—台岗地—丘陵—山地的变化，同时呈现出从城市核心区、城乡交错区、远郊区的过渡，人类活动由高强度到低强度的变化，也具备城市化进程中不同阶段的区域特点。首先，要训练学生在该样带上获取丰富地理信息的基本技能，比如使用仪器测量温湿度、噪音等环境要素，用观察—计数法测量交通流量，用样方法测量植被盖度，通过遥感图像解译方法测定土地利用等。其次，训练学生提炼反映区域变化的指标，利用相关统计分析软件分析递变趋势及规律的能力。最后，训练学生在调查资料共享的基础上，找出具有关联性问题的能力，比如不同土地覆盖对局地小气候的影响，陈述现象、分析原因、小结规律，完成调查研究的书面报告和口头报告。进而，还可通过与前期（已具备 1975 年、1991 年、1997 年三期遥感影像）资料及调查结果进行比较，分析其变化过程。

　　指导教师：苏筠

　　苏筠：女，1974 年生，博士，副教授。从事乡土地理、土地评价与规划研究。

3.4　基于重点实验室和研究课题平台的科研训练

D12　遥感实验与图像处理能力训练

　　依托"遥感科学国家重点实验室"，采用 ASD 光谱仪、红外辐射温度计、接触式温度计、黑体等仪器设备及专业遥感软件，搜集遥感影像数据，训练学生进行实验、分析和撰写报告的能力。主要内容：①学生分组提出实验方案；②每个小组依据现场条件测量典型地物的光谱曲线、相应的温度数据，与遥感影像提取信息进行对比；③对所获取的数据和遥感影像进行综合分析，完成实验报告。

　　指导教师：阎广建、张立新、刘素红

　　阎广建：男，1967 年生，遥感应用研究所所长，博士，教授，博士生导师。研究领域为多角度遥感，热红外遥感，遥感模型建立及反演，对地遥感尺度效应及尺度纠正、地形纠正。

D13　基于树木年轮的气候变化重建

　　依托环境演变与自然灾害教育部重点实验室和北京师范大学气候变化与景观格局实验室的树木年轮工作站（密度仪）、树木年轮宽度仪和图像分析系统，通过基于树木年轮的气候变化重建研究，从野外取样，到室内仪器测量，再到结果分析解释和学术论文撰写的全过程训练学生的能力，其中以实验分析能力为重点。主要内容：①树木年轮野外取样；②树木年轮的宽度、密度和细胞的实验室量测；③树木年轮分析软件的使用；④科学研究论文的撰写。计划分 3 个年度：文献阅读、树木年轮野外取样（东北）→树木年轮的宽度、密度和细胞的实验室量测→树木年轮分析软件的使用，研究论文的撰写。预期目标与成果：熟悉科研基本程序；学会使用生长锥、树木年轮宽度仪、树木年轮密度仪、树木年轮分析软件。

　　指导教师：方修琦

　　方修琦：男，1962 年生，学院学位委员会主任，博士，教授，博士生导师。主要从事环境演变影响与适应、自然灾害和地理学思想史方面的教学、研究。

D14　城市绿地水分及 CO_2 交换研究

　　依托"环境遥感与数字城市"北京市重点实验室，基于科研项目，开展科研训练，包括：①阅读文献，初步掌握城市绿地生态系统物质能量交换过程及规律；②实地观测，在北京市选择公园进行公园绿地水分与 CO_2 通量、地表参数及气象条件观测，分析水分与 CO_2 交换规律；③建立模型，模拟公园绿地水分与 CO_2 交换过程。

指导教师：孙睿

孙睿：男，1970 年生，博士、教授。从事植被生产力与生物量遥感、城市扩展遥感动态监测、气候变化与植被覆盖相互关系、地表蒸散发及水热通量等的遥感应用研究。

D15 基于地理知识综合应用的流域规划与管理

在基金项目的支持下，系统搜集北京山区地形图、卫星影像和地质、地貌、土壤、植被、水文等基础图件和资料；采集有关土样并分析土壤有机质等参数、野外测定土壤入渗率、容重等参数，在此基础上，应用 GIS 作出典型小流域规划，并进行生态经济社会效益分析。使学生了解与掌握科研调查、观测与分析方法。

指导教师：符素华、刘宝元

符素华：女，1973 年生，博士，副教授。主要从事土壤侵蚀与水土保持研究。

D16 黄土丘陵小流域生态退耕的时空格局及其生态效应

在指导教师的长期研究课题总体框架之内，让对"植物地理学"和"生态学"感兴趣的 1～2 名本科生，利用课余时间，阅读相关专业书籍与文献，选择并针对一个主题撰写项目计划书，利用暑假和课余时间，通过野外观测取样、室内试验与数据分析，撰写结题报告或者科研论文。在三年的科研训练过程中，训练本科生了解研究课题的总体框架，参与并熟悉科研调查、观测与分析方法，提高学生的科研素质与能力。

指导教师：邱扬

邱扬：男，1969 年生，博士，副教授。主要从事植物地理、生态学研究与教学。

D17 北京城市边缘区居民居住与就业的空间错位研究

以基金课题为科研训练平台，训练学生掌握调查方法，提高学生的沟通调研能力、数理统计与空间分析的能力和写作水平。从二年级"经济地理学"课程到生产实习和毕业论文写作，学生需要：自主设计研究方案与调查问卷→相关部门调研、数据分析→撰写研究报告与学术论文。

指导教师：宋金平

宋金平：男，1968 年生，理学博士，教授，博士生导师。研究领域为城乡发展与区域规划、城市化与人口迁移、土地利用。

D18 北京市外商直接投资区位特征及其影响因素研究

通过研究北京市不同区县、不同科技园区、不同产业类型、不同投资母国、典型区县和园区外商直接投资空间差异及其影响因素研究，培养学生的野外调研能力、数据资料搜集与处理能力、结果表达能力与合作协调能力。技术路线为：文献查阅与分析→研究设计(包括研究内容、研究思路及技术路线、创新性研究方案和技术的设计、可行性分析及研究进度安排等)→实地调查与资料搜集→资料分析与处理→成果表达与交流。

指导教师：张文新

张文新：男，1968 年生，理学博士，副教授。研究领域为城市与区域规划、土地评价与土地利用规划、人口迁移与城市化、城市与区域可持续发展等。

D19 北京市中心城区土地利用转换的时空演变研究

基于科研项目，开展北京市中心城区的土地利用形态的演变历程、中心城区土地垂直利用现状分析、影响北京市中心城区土地利用转换的动力机制、土地利用转换对城市空间结构及功能分布的影响等研究。科研训练主要内容：①实地调查能力训练——通过查找文献、实地勘察、访谈、搜集第一手资料、提取有用信息、独立思考、发现问题、与社会沟通能力的培养；②资料的归纳和总结——综合分析能力、课题挖掘能力、分析问题能力的培养；③调查研究结果的发表——归纳要点、发表观点能力、创新能力的培养。

指导教师：朱青

朱青：女，1961年生，工学博士（日），副教授。研究领域为城市规划与开发、城市土地利用、旅游规划。

4　预期目标和成果

本项目预期目标为：在基地培养品德高尚、基础扎实、学习习惯良好、科研兴趣浓厚、创新意识强、掌握现代信息技术、具备一定的野外和实验技能、愿意献身科学的研究型后备人才的总目标基础上，构建适合不同学习阶段（不同的认知和实践特点）和不同学科平台（不同能力趋向）的因材施教的立体多元科研能力训练体系，加强本科生的科研素质和科技能力培养，使学生的知识、能力、素质相辅相成，全面发展。

预期成果主要有6类。

（1）研究论文类（B、C、D类项目规定动作，视经费额度增加篇数）

教师为主——大学研究型课程教学探索、能力培养范式研究论文若干篇。

学生为主——与科研训练相关的正式发表的学术论文或"京师杯"获奖论文若干篇。

（2）课程资源库和能力培养素材库（B、C类项目规定动作）

来自教学，服务教学，形成可持续的、为今后各年级教学奠定基础的教学资源。

大学生能力提高档案/支撑材料。

（3）大学生科研能力训练手册（重点实验室平台类项目规定动作，B、C类项目选作）

有利于科研能力提高的课程模式/训练模式。

部分成功案例集。

（4）实践能力提高类和教材建设类（B类项目规定动作、C类项目选作）

改革、更新实践教学体系和实践方案，建设更加有利于学生创新思维培养、实践动手能力提高、学科知识综合运用的教学实验课程、实验项目、野外实习基地和实习内容，编写实验教材和实习手册。

（5）能力开发与应用实物类

与科研训练相关的大学生研究与技术实物成果，或"挑战杯"获奖作品等。

（6）其他富有创意的成果

The design for project "construction and practice of research training system for undergraduates in geography"

Yuejing Ge，Jing'ai Wang，Shengtian Yang，Baoyuan Liu

School of Geography，Beijing Normal University，Beijing　100875

Abstract：Undergraduate period is the key stage for innovative talents cultivation. The Geographical Base of Beijing Normal University has ever been working hard on the exploration of the mechanism，modes and approaches of training on scientific research for undergraduates at an early stage. According to the new concept of "inquiry teaching" and "teaching and researching interaction", based on abundant resources in research such as key laboratories in three levels (Beijing Municipality, Ministry of Education and National), National Key Discipline, national researching and teaching projects, and relied on a high standard team "Chief Supervisors + tutors"—involving members of academicians, "Cheungkong Scholars", receivers of National Science Fund for Distinguished Young Scholars (NSFC), and National Distinguished Teachers, a scheme supporting research projects of undergraduate-as-coordinator was improved, and a personality-oriented training system on scientific research for undergraduates has been established, which is a "stage-subject-ability" 3-dimensional platform of multi-subjects, multi-patterns, and multi-stages.

Keywords: undergraduate student, research training system, construction, design

区域地理课程和
大学生创新能力培养

基于"世界地理"课程平台的大学生科研训练*

葛岳静，李 柯

北京师范大学地理与遥感科学学院，北京 100875

摘要："世界地理"课程凸显地理学的区域性和综合性，是大学生学习地理知识的大平台，也是习练地理信息搜集、综合分析集成、综合各种地理学研究方法的一个课程载体。RAGs(Reading & Analysis Groups)活动是"世界地理"课程自主学习内容的重要组成部分，旨在锻炼学生的群体学习意识、分析和解决问题的能力以及表达能力等，也在很大程度上协调了"世界地理"教学内容多但学时少的矛盾。本文详细介绍了RAGs活动的设计、选题活动特点、研究过程特点，指出其中存在的不足并提出改进建议。

关键词：世界地理；RAGs活动；科研训练

当代研究型大学生的学习动机和学习条件具有时代特点。在培养拔尖创新人才的大目标下，大学生具有极高的科研愿望和极强的思维能力。在大学开展早期科研训练中，一方面，学习资源特别是网络学习资源丰富易得，需要教师在教学活动中对学生给予及时的、有效的、正面的科研训练指导；另一方面，受社会大环境影响，相当比例的学生容易形成急功近利、技术主义的科研思维，需要教师引导学生尊重科研规律、注重夯实基础。

在大学中高年级开设的"世界地理"课程以其教学内容的综合性、地域性凸显着地理学的综合性和区域性，是大学生学习地理知识的大平台，也是习练地理信息搜集、综合分析集成、综合各种地理学研究方法的一个课程载体。RAGs(Reading & Analysis Groups)活动是"世界地理"课程自主学习内容的重要组成部分，旨在锻炼学生的群体学习意识、分析和解决问题的能力和表达能力等，也在很大程度上协调了"世界地理"教学内容多但学时少的矛盾[1]。借助多年RAGs活动课，让学生以小组学习的方式，尝试自主学习、研究性学习，已经收到了较好的学习效果。通过对学生组织RAGs的过程中各个阶段的跟踪记录和调查，发现地理专业大学生早期科学研究基本状况——地理学习兴趣取向、学习过程和方法特点、科研训练的误区分析、研究性学习建议等，这一方面可以为教师完善基于课程平台的早期科研训练提供信息参考；另一方面也可以为以后学生的学习提供经验和教训，提高研究性大学的人才培养质量。

1 RAGs 活动设计

学生以小组学习的方式，通过群众阅读发现问题—讨论综合分析问题—系统集成解决问题的三部曲学习过程，尝试自主式、合作式和探究式的学习并从加大阅读量入手。

三轮阅读包括以下内容。

"面"：广撒网，只要是感兴趣的世界地理，特别是PRED(人口、资源、环境、发展)问题→第一次小组讨论(交流学习情况，确定共同领域，核心词，关键词)。

"点"：关键词查询方式，深入阅读→第二次小组交流(确定主题的典型区域、具体地理

---

* 本文受国家基础科学人才培养基金项目(NFFTBS-J0630532)资助。

作者简介：葛岳静(1963—)，女，教授，理学博士，主要研究领域为全球化与区域发展。2001年、2005年、2009年获国家级教学成果一等奖。geyj@bnu.edu.cn。

特征)。

"综合": 有针对性地阅读, 并把学习方法、展示技术、小组合作、PPT讲演、知识竞赛、角色扮演课堂剧、辩论赛等融入到学习过程中。

选题过程即三部曲的第一步, 包括两轮阅读和讨论。第一轮阅读着眼于"广"。目的是希望学生尽可能广泛地阅读文献资料, 更多地了解世界地理的研究内容或方法。之后小组交流总结, 确定研究的大致方向。第二轮阅读进一步确定研究重点、研究思路和研究方法。如将水资源持续利用的研究范围从区域和内容上缩小至西亚的水资源分配问题。

2 RAGs选题过程特点

以北京师范大学2004级"世界地理"课程为例, RAGs活动的主题确定在"世界PRED问题"。课程班分成8个小组, 按照RAGs三部曲来进行研究活动: ①阅读相关文献、确定PRED研究的主题(A Fact-finding Phase); ②组内讨论与综合(An Analysis & Synthesis Phase); ③归纳分析所选PRED问题的主要特征、区域可持续发展面临的主要问题及解决方案等(A Conclusion & Lessons Learnt Phase)。整个过程要求学生进行至少3轮的课外阅读和4次小组讨论, 最后在课堂上展示研究成果(presentation)。

2.1 学生选题的兴趣取向

通过分析小组讨论记录, 对所有讨论过的题目按照人口、资源、环境、发展四个方面进行归类, 发现地理专业大学生在从事早期科研时的兴趣点有以下特征(图1、表1), 并尝试对其原因进行分析。

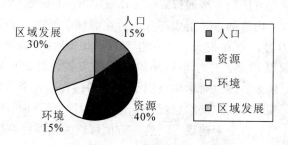

图1 小组选题的归类

Fig. 1 Groups' selection of themes

(1)从表1和图1可以看出, 学生选题过程中关注的兴趣点多而杂。一共有32个PRED问题分别被各个组探讨过, 从"古文明的分布与移民国家的关系"到"极地的可持续发展", PRED包含的四个方面都涉及了。

这一方面说明学生的思维方式具有很强的发散性, 思路开阔, 从侧面反映出第一轮阅读的广泛程度。但另一方面也反映学生思维跳跃性大, 问题形成很快, 但提出问题时没有经过细致的思考, 而是想到什么就说, 显示出学生早期科研的稚嫩。

(2)无论是从提出的备选题目还是最终选定的主题来看, 资源和区域发展是学生讨论的焦点(占70%以上)。特别是资源安全及其与经济发展联系的问题备受关注。

影响因素至少有三点: 首先, 选题时间段对应的"世界地理"课程学习为国别地理的第一部分, 例如日本部分, 内容着重于对日本资源危机和区域经济发展的分析。课下学生选取研究题目时, 很容易会联系课上学习的内容。这是课程对选题的导向作用。其次, 近几年资源

表 1　RAGs 小组讨论主题分类表

Tab. 1　RAGs group discussion themes

组号	人口	资源	环境	区域发展
1	跨国公司文化整合 古文明的分布与移民国家	资源安全 国际河流开发与合作（湄公河）	日本污染治理及借鉴	极地的可持续发展
2		国际河流水权问题		
3		非洲资源与经济的矛盾关系 从石油对世界发展的影响看中国石油战略		
4	世界教育发展空间格局的地理因素			
5			水土流失 环境问题 日本垃圾污染	拉丁美洲的发展 亚洲"四小龙"的腾飞
6	人口金字塔	非洲粮食援助 资源利用 我国主要农作物虚拟水贸易量	城市景观	产业的国际地域转移 韩国经济发展道路 亚洲"四小龙""四小虎"
7		云南水坝建设问题 第一产业发展模式 国际能源安全		韩国与朝鲜之间的比较 上海与北京经济环境的比较 香港发展研究 "泛太平洋经济合作区" 美、日交通发展模式对中国的借鉴
8	日本及欧洲典型人口负增长国家的人口发展过程	资源诅咒		

注：表中斜体字为各组备选题目。

利用与经济发展的矛盾越来越突出，相应的新闻报道和研究资料多，学生选题时自然容易联想到相关内容。再次，人口和环境的内容与其他学科的交叉多，研究难度大。比如研究"人口金字塔"就有很大部分研究的是人口学、社会学的内容，而资源和区域发展的问题与地理学专业更加对口，研究难度相对低一些。

（3）所有选题的研究意义，都直接定位到对中国的借鉴和启示。有的小组先讨论某 PRED 问题在世界范围内的特征，或典型区域的发展特点和经验，然后分析如何运用这些特点、经验来指导中国的发展。有的小组则干脆将研究区域放在中国，探究中国在某个世界 PRED 问题上的现状特征及问题，并尝试提出改善、提高的方法等。

2.2 选题的限制因素

RAGs 研究活动既是对世界地理课程学习一个拓展，又是对本科生科研训练的一个补充和过渡。它的各项要求没有校级或院级本科生科研项目那么严格，是基于课程平台的准科研活动。所以它所提供的研究条件，无论是硬件支持还是软件支持都弱一些，学生选题时需要考虑的限制因素相对更多。经归纳，以下五个方面是学生选题时的主要依据。

(1)是否符合"世界 PRED 问题"这一主题要求。PRED 核心是可持续发展问题，简单来说，即区域经济发展要以区际公平和代际公平为前提。

(2)创新性。选题时，学生很容易联想到课堂学习过的内容，但通常都会被其他组员给否定掉，因为他们觉得缺乏创新性。但这里的"新"是相对学生来说的。可能相关问题的研究方法和理论体系已经很成熟了，但只要对学生来说是陌生的，他们就会觉得"新"。

(3)数据、资料获取的难易程度。研究"世界地理"问题时第一手资料一般很难得到，尤其是一些发展中国家的资料很匮乏，有时甚至连间接研究资料都没有，这会对研究进展造成非常大的障碍。

(4)工作量和时间限制。RAGs 活动从第一轮阅读到最后成果展示总共持续一个多月。在这一个多月的时间里，每个小组至少要进行三轮阅读，并同时完成选题、最后的研究报告和成果展示设计。即使是小组六个人分工协作，时间也相当紧，所以工作量太大的题目只能淘汰。

(5)学科交叉性。"世界 PRED 问题"内容上肯定会与其他学科有交叉。但如果题目的学科交叉性太强，就不适合选作 RAGs 活动的研究对象。毕竟时间少，任务紧，如果还要另外学习交叉学科的专业知识，时间和精力都难以保证。

3 RAGs 研究过程特点

选题后接着进行 RAGs 三部曲的第二部和第三部：组内讨论与综合(An Analysis & Synthesis Phase)。按照指定的研究思路和方案归纳分析所选 PRED 问题的主要特征、区域可持续发展面临的主要问题及解决方案等(A Conclusion & Lessons Learnt Phase)。

3.1 研究方法特点

(1)案例研究是学生首选的研究方法

第一、二、六、七、八小组都采用了以案例研究为主的方法。比如第二小组研究国际河流的水权问题，以世界上国际河流纷争最严重的两河流域作为研究区域。对其水资源利用的特征和矛盾产生的地理因素作了深入的探讨。

(2)定性研究远多于定量研究

本次 RAGs 活动当中只有第四小组和第六小组在研究中引入了数学模型来进行定量分析。第四小组的定量分析建立在统计模型的基础之上，而第六小组则采用与统计模型相对的机理模型。其他小组的分析方法都属于传统的定性描述。一方面由于传统地理学研究以定性分析居多，是学生熟悉的分析方式；另一方面还由于定量分析所需的数据不方便获取，所以学生分析结果时会避重就轻选择运用更自如的定性分析方法。

3.2 资料获取的途径和手段

随着个人电脑的普及，互联网已逐渐取代图书、学术期刊成为当代大学生参与早期科研活动时查找各类科学文献和数据的主要手段。各种功能强大的搜索引擎和海量科学文献库、数据库为学生提供了一个方便、快捷的信息平台。尤其是国外最新的科研文章和数据,在国内很难买到印刷版,那么电子期刊就是唯一的选择。

但图书、期刊等纸制媒介也有互联网所不可代替的优势。如知识体系完整、不受硬件条件限制等,使其仍然成为一种不可或缺的信息来源。尤其当学生需要系统地了解某个问题时,仅仅读一些研究文章是不够的。这时编写系统、内容更充实的专业书籍是更合适的选择。

3.3 合作式学习特点

RAGs 活动的阅读部分是学生各自进行的,但整个研究过程是需要每个小组成员合作完成的。所以学生之间的沟通和交流就显得尤为重要。从跟踪调查表的记录内容来看,学生进行合作式科学研究的过程中表现出以下几个特点。

(1)学生团队合作的意识得到加强

在总结报告中,几乎所有组都提到小组学习感受最深的就是随着研究活动的开展,团队合作的气氛日趋浓厚。从最初的含蓄沉默到争论得面红耳赤再到最后的相互理解和支持,学生在小组合作中学会了换位思考,学会了尊重别人的观点,还学会了吸取别人的经验来及时纠正自己思维上或方法上的误区。

(2)小组讨论锻炼个人表达和沟通能力

通过一次次的辩论,学生的表达、沟通能力得到很大提高。第二小组的同学发现,表达能力强的人的观点更容易被大家接受。因为表达能力强的人能把问题说清楚,理由充分,条理清楚,更有说服力。第三小组总结出讨论既需要发散性思维,又要围绕核心内容展开,理解别人的思路和逻辑关系是合作的关键。第七小组觉得讨论提高了学生认识问题的深度,可使模糊问题清晰化,同学之间的互补性很强,讨论后可能就大大加深自己对问题的理解程度,进一步激发自主学习的欲望。

(3)组长的组织能力直接影响小组的整体研究水平

每个组员之间的知识储备和能力有差别,所以如何安排分工是影响小组研究成果的一个关键因素。小组长的协调与统筹能力这时候就显得尤为重要了。第一小组组长王蓓提到"小组学习效率高,但要组织好。个人学习对每个人来说更系统,线索更为清晰、流畅;而小组学习比较零散,需要组长控制大局",强调了组长的协调、组织能力的重要性。

4 RAGs 活动存在的不足及改进建议

尽管通过 RAGs 活动使学生各方面能力都得到了锻炼,但整个研究过程中也暴露出了一些问题。

第一,学生普遍反映选题难度大,是研究过程中最费脑筋的一个环节。选题难说明学生的知识储备不足,信息来源少,阅读涉足面还不够广泛,没有完全摆脱对老师的依赖。在阅读量不够的情况下,学生选题的盲目性大,提出的选题缺乏论证,研究目的不够明确,有较大的随意性。

第二,逐一审视八个组的题目,可以看出个别选题尽管可以与 PRED 问题的某一个方面挂钩,但综合来看不符合世界 PRED 问题研究的主要范畴。说明学生对"世界 PRED 问题"这一限定选题范围的要求理解得还不够透彻。这反映出本科生从事早期科研活动的一个通病:随意性大。

第三,学生开展科研活动的客观条件有限。一是教师的指导力量偏弱。二是研究资料的来源少。专业图书资料室不对本科 1～3 年级的学生开放,这大大限制了学生获取专业文献资料的途径。学生只能从网络上下载电子期刊或研究文档,这也间接导致本科生专业阅读量偏小。

第四,研究方法比较单一,创新性不够。多数局限于案例研究,分析手段也以定性描述为主,且多搬用成熟的理论或计算方法,自主创新的成分比较少。一些小组求"新"也只是从题目内容上做文章,而不是从题目的研究方法、研究角度上革新。研究报告总体上感觉缺乏"研究"内涵,而更多地是对文献进行总结和综述。

针对本科生从事早期科研时的各种特征及以上问题产生的原因,我们建议从以下几个方面入手提高大学生科研训练水平。第一,大环境上为本科生的科研训练创造条件。据调查:美国麻省理工学院的本科生取得学士学位所需完成的学分总数为 120 学分,而我国高校平均总学分为 160 学分[2]。要求如此高的学分数,客观上限制了学生参加科研训练活动的时间。所以长远来说,减少课程学分是提高本科生科研训练效果的根本之道。第二,专业图书资料室应尽早对所有本科生开放,为他们的科研活动提供更多的有效学习资源。第三,在低年级课程中引入类似 RAGs 的尝试性科研活动,让学生尽早接触到系统专业的科研训练。第四,培养学生形成经常阅读的习惯,平日的积累是科学研究灵感的重要来源,也为学生日后的科研活动打下基础。

参考文献

[1] 葛岳静,王静爱. 北京师范大学"世界地理"活动课教学改革与实践[J]. 世界地理研究,2001,10(3).
[2] 魏志渊,毛一平. 研究型大学本科生科研训练计划的探讨[J]. 高等理科教育,2004(2):54.

World Geography and Scientific Research Training for Undergraduates

Yuejing Ge,Ke Li

School of Geography,Beijing Normal University,Beijing 100875

Abstract:Apparent regional and integrated attributes endow World Geography an important platform to learn knowledge of geography,to collect geographical information,to integrate geographical analysis,and to synthesize geographical methodology for undergraduates. Reading & Analysis Groups (RAGs) is an important part of World Geography aiming at raising team work awareness,building capacity of analyzing and solving problems,and improving expression ability. The article introduces the framework of RAGs,features of topics selection and characteristics of research process.

Keywords:world geography,reading & analysis groups (RAGs),scientific research training

基于"中国地理"课程的本科生区域综合分析能力训练[*]

王静爱，苏　筠，邢晓明，徐品泓，张建松，赵大山

北京师范大学地理学与遥感科学学院，北京　100875

北京师范大学区域地理研究实验室，北京　100875

摘要：本文基于国家精品课程"中国地理"，探讨在"区域多源信息—多教学环节—师生双向反馈"的教学模式下，开展以区域综合分析能力为核心的能力训练。训练内容主要包括基于地图、视频、遥感图像、网络等4个信息源的信息获取—分析应用，以及通过面试教学环节的问题推理—归纳、综合表达，并提出了"渐进式"的区域综合能力训练模式。

关键词：中国地理课程；区域综合分析能力；"渐进式"训练模式；本科生

1　引言

北京师范大学"中国地理"国家精品课程创建了"多源信息—多教学环节—师生双向反馈"的教学模式[1~3]，该教学模式的核心目标及特色之一，即通过开展区域综合分析能力的训练，提升学生的实践技能及创新意识。

地理学以其区域性的特点有别于其他学科，区域地理承担着培养学生的区域特征认知、比较、分析并据此判断、决策的任务。显然，区域综合分析能力作为一项综合性的特殊技能，是以地理共通技能——信息获取和分析技能（地理观察观测及调查、地图及影像的判读和分析、地理计算）为基础的，并通过地理特殊技能的应用（地理空间察觉及定位、地理因果关系推理、地理特征对比及综合分析）来实现地理判断、解决地理问题，最终通过地理表达与交流技能进行展示。因此，区域综合分析能力的培养应是多方面、多层次的，需要多个信息源、多个环节的配合实现。而课程教学，除了传授基础理论及知识以外，同时也应是地理综合能力培养的一个载体和平台，基于课程的能力训练，可作为"教—研"结合的一种方式，以及学生能力培养的重要环节和途径。

基于"中国地理"2006～2010年的课程实践，以区域综合分析能力训练为核心，实训了北京师范大学地理学院2003～2007级共计400余名本科生。主要的训练内容包括基于四种信息源（地图、视频、遥感图像、网络）的信息获取—分析—集成能力训练以及面试综合表述能力的训练。本文介绍了训练总体设计，以及各项训练的具体操作实施方案。

2　"中国地理"课程能力训练总体设计

"中国地理"课程能力训练的设计思想是以培养学生的区域综合分析能力为核心，依据学生的认知和能力发展过程，结合中国地理"区域性"和"综合性"特征，选取突出地理学特色、相互联系、相互补充的多源信息媒体和适宜的教学环节培养学生能力，实现学生综合能力和地学素养的全面提升，为学生未来从事研究和教学工作打下基础。

* 本文受国家基础科学人才培养基金项目（NFFTBS-J0630532）资助。

作者简介：王静爱（1955—　），女，教授。北京师范大学"区域地理国家级教学团队"带头人。sqq@bnu.edu.cn。

中国地理课程能力训练总体设计依据包括四个方面。

第一，根据"中国地理"课程具有区域性的特点，设计"基于地图的能力训练"和"基于遥感图像的能力训练"。区域地理作为研究区域空间差异的科学，需要借助空间信息获取和表达的工具——地图和遥感影像，来探寻区域的分异规律和独特性。地图和遥感影像提供了区域地理要素的空间信息、综合光谱信息，学生通过地图及图像判读、图谱编制及分析，提升要素辨识、空间分析及记忆、表达的能力。

第二，根据"中国地理"课程具有综合性的特点，设计"基于遥感图像的能力训练"和"基于视频的能力训练"。综合性体现在两个方面，其一，区域是各种地理要素相互联系、综合作用的人地关系地域系统；其二，区域的地理问题是综合的。因此，不仅要求学生通过识别和判断区域的多种地理要素并对其进行分析从而综合认识区域，还要求学生在识别分析的基础上发现、分析和解决综合的区域地理问题。区域遥感影像、针对区域问题的视频，综合承载和表达了区域问题相关信息。通过提取信息—分析信息—综合表达的过程，可训练学生的信息搜集和综合分析能力。

第三，随着技术进步，区域性与综合性的空间信息表达具备了多媒体特点，基于此设计"基于网络的能力训练"。网络中的空间信息、区域格局—地理过程表达，可借助包括文字、图像、视频、遥感、地图和动画等多种媒体手段，为信息采集—集成—综合能力的训练提供了平台。在此平台上，每个学生可根据主题采集相关信息、对信息进行选择和集成，并举办制作板报、录制报告视频、举行主题展览等形式多样的成果展示活动。

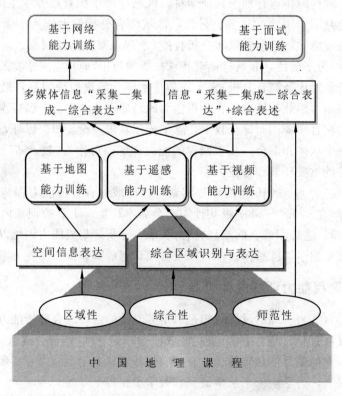

图1　中国地理课程能力训练总体设计逻辑框架

Fig. 1　The logical frame of design for the capacity training of China geography

第四，根据本科阶段"中国地理"课程的专业基础性、师范性特点，设计"基于面试的综合表述能力训练"。通过具有递进关系的知识题、思辨题的设计，以及学生小组面试、师生互馈的方式，考核学生综合运用已获知识技能解决问题、综合表述的能力，这也是对课程教学效果的检验。

该训练过程，采用"渐进式"的能力训练模式。该模式的设计原理是：学生对事物的认知遵循由表及里、由浅入深、由感性到理性、由抽象到具体的规律，因此能力培养过程也须按照有序原则循序渐进地进行。"渐进式"能力训练模式由两个维度构成：一个维度是由认知规律决定的复杂性，知识及能力须由简单到复杂渐进提升；另一个维度是由区域地理综合性的特点决定的要素多样性，由区域单一要素到多要素的综合渐进。因此，可将能力训练模式分解为三个渐进的阶段：前期阶段，以掌握简单知识和分析能力为目标，进行单要素分析的训练；在此基础上，中期阶段以掌握较复杂的知识和综合分析能力为目标，通过逐渐增加要素的方式，进行多要素综合的训练；后期阶段，以掌握复杂理论和创新能力为目标，进行自然要素与人文要素综合和运用理论解决"人—地"关系问题的训练。训练手段及内容，"渐进式"训练模式的总体设计，如图 2 所示。

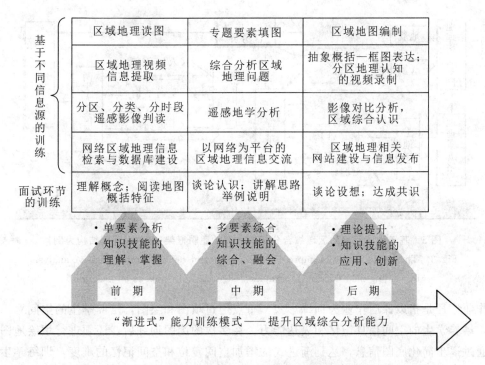

图 2 "渐进式"分阶段提升区域综合分析能力的训练内容

Fig. 2　The training content of improving the capacity of comprehensive
regional analysis using "progressive" training model

3　区域综合分析能力训练

3.1　基于地图的区域综合分析能力训练

地图是地理学的第二语言，是进行地理要素空间信息提取、分析和综合的基础。课程"基于地图的区域综合分析能力训练"通过两条途径进行：一是教学途径，二是作业途径。

　　教学途径是指以课堂教学作为能力训练的形式,利用精心设计的教学内容逻辑框架潜移默化地训练学生,使学生通过阅读单一地理要素地图,到多图叠加对比阅读,增强其获取地理空间信息,以及综合分析认知区域分异规律及特征的能力。

　　以"中国地理结构"的教学为例,章节内容逻辑框架的设计(图3)充分体现了通过分析地理要素空间信息得到中国区域分异规律的综合过程。首先,通过"中国经纬坐标图"和"中国政区图"使学生获得中国地理区位的空间信息。其次,通过"中国地貌图""中国年降水分布图""中国气温分布图"等多幅地图的叠加、对比阅读,使学生获得中国地貌、水热结构的空间信息,以及中国地理区位、地貌对水热条件影响的理解,由此理解中国三大自然区的分异规律及其自然景观分异。再次,阅读"中国水系分布图""中国植被—土壤类型图"等系列土地覆盖的景观格局图,引导学生总结出中国自然带结构。最后,通过阅读"中国人口密度图""中国交通分布图""中国土地利用图""中国城市分布""中国地均 GDP 分布""中国分省产业结构图"等,引导学生认识在自然带结构下,人类活动受到自然状况的制约同时改造自然形成的人文经济地理空间格局,地图叠加综合分析可得到中国经济的地带分异认知,以及中国三大区的地理格局认知。

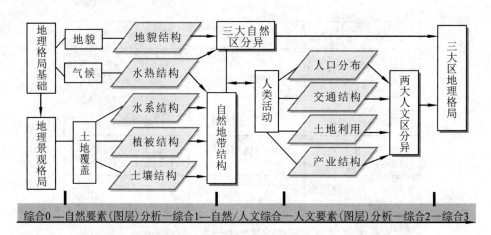

图 3　基于地图阅读的区域综合分析能力训练逻辑框架(以中国地理结构为例)

Fig. 3　The logical frame of improving the capacity of regional comprehensive analysis
by reading map (taking geographical structure of China as an example)

　　作业途径是指以课后作业为训练形式,重点通过填图和绘图,培养学生的空间意识和空间感,培养学生的空间信息记忆和表达能力。在多次的读图训练后,还须进行填绘地图的训练,通过逐步简化底图信息,达到渐进式的增加空间定位和空间记忆的难度,训练学生空间记忆的能力;编图是地图应用中最为综合的阶段,通过"参考地图—设计地图—创新地图"三个步骤,训练学生的空间信息表达能力。以"中国地理结构"一章为例(图3),作业 1 是在空白的行政地图上填写中国各行政区名称及其简称。作业 2 是编制中国地貌图,即编图能力训练。作业 3 是在中国山系图、中国水系图、中国气温—降水图和中国行政底图上填绘中国地貌类型名称的填图训练。

3.2　基于视频的区域综合分析能力训练

　　要真实完整地认识一个区域,需要从区域的三种表现形式来认识:理论的区域,数字的区域,现实的区域。以区域地理问题为主要内容的视频,是呈现现实区域的一种形式,它在区域地理教学中的应用可以在很大程度上弥补不能实地考察的缺憾，向学生呈现现实区域的鲜活案例。该类视频，一方面可以用于训练学生提取区域信息—分析信息—表达信息；另一方面可以通过案例印证区域理论，训练学生运用理论解决实际问题的能力。

基于视频的训练可通过两个过程进行：第一，从"讲授理论"到"案例印证"到"抽象理论"的过程。针对教学过程中所讲的某一理论，选取典型区域视频作为案例，学生观看视频后用某种形式（如报告、框图、表格、展板等）将理论抽象表达出来，培养学生的创造性思维。第二，集成学生区域问题认知的录制视频的过程。即从一区域问题或理论出发，经过学生的创造性思维，将学生的观点和成果录制成一个视频的过程。

这里以中国地理课程实习二"从视频看中国——再造山川秀美的西北"为例，介绍视频训练第一个过程的具体操作。在介绍"中国土地退化"一章之后，学生对中国北方农牧交错带的土地沙漠化和水土流失有了极为深刻的印象，随后让学生观看中央电视台焦点访谈"再造山川秀美的西北"节目，观看后采用框图形式表达自己所理解的录像核心内容。学生通过提取信息，根据个人对于区域事件的理解，分别绘制了时间序列的、区域序列的和多维组合的逻辑框架。在这个事例中，"讲授理论"是"土地退化相关理论"，"案例印证"是"再造山川秀美"这个视频，"抽象理论"是由框图的形式表达的。

3.3　基于遥感的区域综合分析能力训练

遥感是随着技术进步出现的新的信息源，遥感图像具有空间分辨率特性、光谱分辨率特性和时相分辨率特性，因这三个特性使得遥感具有宏观性、综合性和动态性的特点。从空间上看，为认识区域提供了多个空间尺度的信息；多光谱信息、混合像元提供了综合信息，准真实状态；还提供了特定区域时间为序列的遥感图像，即动态变化的信息。遥感的特点为区域的定量观测提供了可能，但鉴于不同光谱波段的记录—呈现方式与人类视觉认知的差异，需要通过相关知识进行转化识别。

基于遥感的区域综合分析能力训练的训练重点：首先是对遥感图像进行判别，区别不同光谱下不同地物的表现特征的能力；其次是综合分析能力，即在学生具备了先验知识（必要理论和图像判读知识）后，对遥感图像所表现的区域信息进行分析，总结规律和发现问题的能力；最后是动态对比的能力，即对不同区域、不同类别、不同时间的遥感图像进行对比，从中发现区域差异的能力。因此，以遥感图像库为遥感实习平台，分三个维度训练（图4）。

（1）分区域判读与分析的训练。以区域为单位，对遥感图像进行判读与分析。分区判读可以帮助学生认识区域内不同地物的光谱特征，从而学会区分各种区域地理要素；区域分析是在此基础上，对区域内各地理要素的分布状态进行分析从而认识区域的空间状态。

（2）分类判读与分析的训练。以类型为单位，即判读与分析不同区域内的同一种地物的区别与联系，重点训练比较分析的能力。分类判读要求学生能够认识同种地物类型在不同区域、不同光谱波段的多种表现形式。分类分析则是通过比较分析，帮助学生探索同种事物在不同区域内表现出现差异的原因。

（3）分时段判读与分析的训练。以时间为序列，展示同一区域的多幅遥感图像，通过"分时判读—分时分析"过程，发现变化和问题，以培养学生综合分析和时空分析的能力。

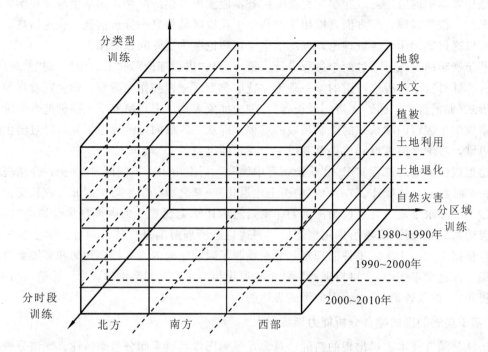

图 4 基于遥感的区域综合分析能力三维度训练
Fig. 4 The 3D capacity training of regional comprehensive analysis based on
remote sensing

3.4 基于网络的区域综合分析能力训练

与传统媒介相比,网络最大的特点在于其综合集成性,包括了信息、多媒体的综合集成,可实现图片、视频、遥感和动画等可视化空间信息的获取及创造性表达。基于网络的区域综合分析能力训练的重点是信息采集—集成—交流—综合表达能力。分三个阶段、递进式开展训练。

(1)信息检索与数据库建设阶段,是将网络作为信息源、从网络中获取信息的阶段,利用主题词、关键字在搜索引擎或专业网站、主题网站中搜索需要的信息,进而对这些信息进行筛选和分类,建立数据库。这一过程可以训练学生信息采集和分类的能力。

(2)网络互动阶段,是将网络作为一个交流平台,利用论坛、邮件、聊天工具等与他人进行信息交流,交换观点和资料的阶段。这一过程可以训练学生的信息交流能力,拓展其视野、丰富学生的数据库。

(3)信息发布与网站建设阶段,是将网络作为一个信息表达的平台,学生把有价值的区域信息和资源发布到网站上与他人共享,更进一步,学生自己创建网站。这一过程可以训练学生集成信息和综合表达的能力。

3.5 基于面试的区域综合表述能力训练

面试是"中国地理"课程在"师生双向反馈"原则下设计的教学环节。面试环节不仅要起到综合考核的作用,还要重点训练学生区域综合分析及表达能力。通过题目设置,除了课程的基本理论、知识外,还包括技能、能力考核,重视考核学生对知识理论融会贯通后,分析问题、解决问题的综合能力,以及再提问的创新能力。达到技能与创新的统一,以"强调基础,突出专业，着重能力"为目标体系。经过多年的教学实践，面试的题目围绕理解概念、阅读地图等八个方面设置考题，考题的综合程度具有渐进提升特性，如图 5 所示。

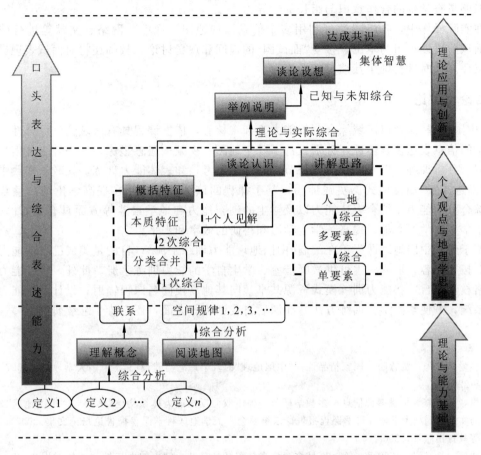

图 5 基于面试的区域综合分析及表述能力训练逻辑关系
Fig. 5 The logical frame of the capacity training of regional comprehensive analysis
and expression based on the interview

题目 1 "理解概念"，是对基础概念的考查。学生须先搜集他人对于此概念的定义，分析各种定义的区别与联系，从而综合多方面观点，形成自己对于概念的理解。

题目 2 "阅读地图"，是对"基于地图能力训练"效果的考查，学生现场抽取一幅地图，用语言展示自己的读图思路，并通过读图总结出地理要素的空间规律。

题目 3 "概括特征"，是对学生抽象概括能力的挑战，学生需要在理解地理要素特征及规律的基础上，通过"合并同类项"等进行提炼，用精练的语言概括本质特征。

题目 4 "谈论认识"，要求学生就某个问题在对前辈观点的综合理解之上，提出自己独创的观点。

题目 5 "讲解思路"，侧重于对学生地学思维和逻辑能力的考查，是否掌握区域地理思维及是否掌握基本的分析方法是重点评价指标。

题目 6 "举例说明"，要求在理论考查的基础上，将理论与实际结合，说明理论在实际中的应用。

题目 7 "谈论设想"，要求学生通过对"已知的"综合分析，遵循理论与现实规律对未知的未来提出设想，重在激发学生的想象力和创造力。

　　题目8　"达成共识",要求同组的同学针对某一问题进行现场交流讨论,通过综合达成共识。这个过程既有综合能力的训练,又能使学生相互启发从而激发创造力和创新能力,同时还能够考查学生的合作意识与组长的领导力。

　　在实际操作中,各组同学可利用多个信息源如地图、视频、网络、文献等进行前期准备;面试阶段以小组为单位,接受"面试团"的提问和现场讨论,教师还将对面试表现进行总结和点评,及时进行师生互馈。

4　结论与讨论

　　"中国地理"课程以区域综合分析能力为训练核心,依据课程具有区域性、综合性、师范性、空间信息表达多媒体性,分别设计了基于地图、视频、遥感影像、网络等多种信息的信息提取—分析训练,以及基于面试环节的综合能力考核和表述能力训练。在教学实践中,形成了"渐进式"的训练模式。实践证明,基于课程的该训练系统,在提高学生的信息获取能力、综合分析能力、综合表达能力以及学生的创新能力和地学素养等方面具有很好的效果,激发了学生的学习兴趣、提高了学生学习和科研的效率和水平。

　　鉴于此,中国地理课程正在编制《中国地理能力训练手册》,目的是集成已有的能力训练成果、拓展内容,形成一本可供教师借鉴、学生自学的能力训练手册。此外,设计能力训练的网络教学平台,将能力训练模式资源共享,向其他高校同名课程辐射;设计学生能力训练自测系统,方便学生学会训练方法并在课后自我训练等方面,还有待于继续研究。

参考文献

[1] 王静爱,苏筠,贾慧聪.国家精品课程"中国地理"的教学理念与建设[J].中国大学教学,2007,(6):17~22,24.

[2] 陈思,张娇霞.区域多源信息—多教学环节—师生双向反馈能力体系构建(Ⅰ)——"中国地理"教学设计与实践[M]//大学地球科学课程报告论坛组委会.大学地球科学课程报告论坛论文集(2007).北京:高等教育出版社,2008.

[3] 张建松,徐品泓,王静爱,等.区域多源信息—多教学环节—师生双向反馈能力体系构建(Ⅱ)——可视空间信息采集与应用实践能力训练[M]//大学地球科学课程报告论坛组委会.大学地球科学课程报告论坛论文集(2009).北京:高等教育出版社,2010:65~68.

The Undergraduate's Capacity Training of Regional Comprehensive Analysis Based on the Course of China Geography

Jing'ai Wang, Yun Su, Xiaoming Xing, Pinhong Xu, Jiansong Zhang, Dashan Zhao

School of Geography, Beijing Normal University, Beijing 100875

Key Laboratory of Regional Geography, Beijing Normal University, Beijing 100875

Abstract: This article summarizes an ability training mode based on the National Quality Course "China Geography" was focusing on the ability development of regional comprehensive analysis: Multi-source information, Multi-teaching links & Two-way communication between teachers and students. Training contents include the ability of information acquirement, analysis and application training in the way of map, video, remote sensing image, network and other information sources, and the ability of problem induction, deduction and expression training in the way of interview process.

Keywords: China geography, ability of regional comprehensive analysis, "progressive" training model, undergraduate students

"乡土地理"实践教学及其对学生创新能力的培养[*]

苏　筠

北京师范大学地理学与遥感科学学院，北京　100875

摘要：培养大学生的创新能力是我国高等教育的主要任务之一。"乡土地理"教学蕴涵着培养学生创造性思维和创新能力的丰富素材，通过加强实践教学环节可提升教学内涵。北京师范大学"乡土地理"课程实践从身边的、生活中的人地关系问题入手，以校园及周边、城乡过渡带为实践基地，采用立项申报制由学生自行组队并确定研究命题，并用管理科研项目的规范流程来组织。实践过程有助于激发学生的创新意识，训练学生的创新思维，并培养科研技能。

关键词：创新能力；乡土地理；实践教学

　　乡土地理即本乡本土的地理，它的范围大致从人的视线区域到县市级区域。乡土地理从学生身边最接近、最熟悉的小区域入手，学习研究人地关系，是区域地理学的最低层次或基本层次。"乡土地理"作为区域地理的核心课程之一，是"中国地理"课程的延伸和实证，承担着区域地理课程的主要实践任务。"乡土地理"是贯穿地理综合问题的关键课程，集理论、实践、技能于一体，教学的首要目的是培养学生的地理观察、分析、实践能力。

　　如果单纯传授某一区域的乡土地理知识，降低了"乡土地理"综合性、实践性的课程功能。为此，北京师范大学地理学与遥感科学学院"乡土地理"课程定位于：在构建具有指导性的乡土地理基础知识、亲历具有普适性的教学实践的基础上，注重创新能力的培养和实践技能的训练，使学生获取在不同区域指导乡土地理教学或开展小区域地理实践的通识性、综合性的知识和能力。

1　"乡土地理"实践教学的设计

　　从教学内容上看，用 40% 的学时安排乡土地理的基本原理、基本技能培训，通过讲解示范、实际操作演练，培训地图草测、近感图像摄制等技术。在此基础上，用占 60% 的学时安排实践教学。

　　选择两个场所开展实践教学活动，一个是校园及周边，另一个是城乡过渡带。实践地的选择一方面考虑广布性、普适性，可以为学习者提供在不同地域开展小区域地理实践的参考范例；另一方面符合学习者区域地理的认知规律，从站立点向区域范畴扩张，即从家庭（宿舍）—社区（校园）—乡镇—市/县不同空间尺度中来选取，凸显多样的站立点地理实践性，大致在学生可感知的范畴内。其次，从这两个场所得出的调查结果，通常也是学生较为关心的地理现象或问题。校园及周边是学生从身边熟悉的地理环境入手开展调查的主要场所，而且环境安全性较高，便于教师管理。城乡过渡带的选择主要是从城市中心沿一定的交通干线选取城市—城乡结合—乡村的样带，这里同时具备多重景观和特点，便于学生感受地理现象的递变与差异，同时认识城乡不同区域各自面临的主要地理问题。

---

　　[*]　本文受国家基础科学人才培养基金项目（NFFTBS-J0630532）资助。

　　作者简介：苏筠（1974— ），女，博士，副教授，北京师范大学"区域地理国家级教学团队"成员。主要从事乡土地理、土地评价与规划研究。suyun@bnu.edu.cn。

在确定实践场所的前提下，采用立项申报的学生组队方式分组并分工，用管理科研项目的规范流程来组织实践活动，即按照"立项申请→项目讨论批准→项目组织实施→项目结题验收"的步骤进行。教师提前设计适于学生填报的专题立项申请书，内容主要包括课题名称、研究内容、研究方法、预期结果、重点与难点，各研究小组通过预研究，拟定研究命题。项目申请书将交由教师和其他小组成员共同讨论，提出改进建议和意见。由组长负责组织项目的具体实施，通常组长负责统筹调查总体框架，组员调查是以技术或指标类别来分工，确保测量结果的可比性。经过实地测量调查及室内数据整理和分析，汇总为实习报告，分别以口头和书面的形式提交。

采用这样的方式组织实践教学，就不单纯是为学生提供一次由因导果的野外实践来巩固验证理论知识或扩大丰富地理知识，更为重要的是这个过程完全模拟了一次科研项目的基本过程，同时也是学生自行组织或参与一次从设计→实施→总结的完整野外调查的全过程，使学生真正成为实践的主角，培养了学生的创新能力和实践组织能力，对学生今后从事科研或教学工作起到示范作用。

2 "乡土地理"实践教学的案例列举

鉴于学生存在专业知识、技能方面的差异，还存在个人兴趣、自主性等非专业知识因素的差异，因此采取教师指定课题和自由选题两种方式确定研究内容，两种方式的比例大致是3∶7。选择前者的学生及小组需要教师更多的指导和监控，调查测量的内容基本是围绕实践基地内的常态要素，比如校园土地利用、校园周围生活服务设施分布、城乡过渡带沿线的植被覆盖度等，这些指标的测量及其结果的分析不仅可以掌握现状，还可以通过几届学生连续调查的结果展现动态变化。选择后者的学生或小组自由度较大，甚至允许少数学生选择实践基地以外的命题进行调查，比如对北京市胡同文化与城市发展建设认识的社会调查，这对培养学生积极思考、独立工作的能力有很大的促进作用。部分实践设计如表1所示。

表1 "乡土地理"实践教学案例(部分)
Tab.1 Practical cases from local geography teaching

研究题目	研究方法及主要内容	主要调查结果
北师大土地利用调查	基于1∶10 000地形图对北师大部分进行目视判读并数字化，得到室外调查用底图；并分区进行实测记录土地利用信息，通过配准、建立新数字化地图及属性表，绘制出校园土地利用详图，并分析部分土地利用中存在的问题，提出改善建议	提供了土地利用的电子地图系统，包含北师大建筑用地(含办公用地、试验用地、教学用地、后勤服务用地等二级分类系统)、交通用地、绿化用地等的面积数量、景观照片等信息可供查询及更新
北师大及周边生活服务设施查询	在北师大校园内及周边地区进行生活服务设施/场所的调查，生活服务分为药店及医院、银行、邮局、洗理服务、购物、饮食、住宿、娱乐健身等几个大类，并将其综合建立网上查询系统	为北师大师生尤其是新生及其家属提供实用的电子地图查询系统，可有效掌握生活服务设施的分布、价位、营业时间、联系电话等信息

研究题目	研究方法及主要内容	主要调查结果
北京师范大学校内小卖部布局规划	在对校内小卖部规模、分布现状调查的基础上，通过问卷了解师生意愿及服务半径，找出空白服务区和服务重置区，综合考虑便利程度、门槛人口、重建成本、小卖部和周围环境的协调等多方面因素，对校园内的超市和小卖部进行规划	提出了新规划，包括在校园南部学生宿舍区增加辐射范围 50 m 的小卖部一个；研究生宿舍区的小卖部北移，增加服务客体的便利程度；考虑行政办公职能，撤销科技楼和英东楼的小卖部等具体调整措施
北京城南"浙江村"居民对北京认同现状调查	采用实地访谈和问卷调查相结合的形式，调查"浙江村"居民及后代在北京的生活、工作现状，以及对北京及其文化的认同感，提出管理城中村和外来人口的人文化措施	"浙江村"大部分的外地人及其后代对北京的认同感微弱；认同感的强弱跟居住年限的长短没有显著相关性，与对北京的接触和了解有关。外来人口子女教育状况、城中村的社会治安和管理状况亟须改善
北京市商品零售价格与基准地价的相关性分析	在北京北城三环路以内、不同商业基准地价级别区内，选择 20 个商店，记录商店的位置、规模、所属集团公司等信息，并实地调查具有可比意义的 6 种日用品的零售价格，进而分析地价、商店属性、零售价格的相关性	基准地价影响到地租及营业成本，进而影响商品零售价，它们呈同方向变化；而区位是决定基准地价的重要因素；二级、三级基准地价区内商品零售价差距不明显，说明零售价还与商业营业主体的个别因素有关
户外公益广告在北京二环线的分布情况调查	在二环路上共记录了 1 367 个户外广告的大小、位置、内容等信息，分析其中户外公益广告的分布、内容等情况，提出更好开辟公益广告宣传空间的建议	公益广告数量占广告总数的 1/4 左右，但广告牌面积以中等大小为多，而且多位于较差区位；北京南城原崇文区、宣武区的二环段公益广告比例较高；公益广告中以社会类的宣传内容居多，其次是环境类的公益广告
北京市一段线路上的停车场使用情况调查	选择从北四环志新桥到南二环菜市口大街这一段线路，通过调查沿线停车场分布情况（包括类型）、规模、日停车量及高峰时段等基础信息，分析不同区域、不同类型停车场的利用效率及其原因，提出停车场分布及使用的建议	沿街停车场设置最普遍，但从利用指数上看，它低于地下车库型、露天场地型停车场。利用指数高的停车场主要分布于繁华商业区、路口、餐饮业集中区域。该线路上西单以南区域，停车场发展较成熟，体现在：有规划，分布合理，有明确的服务对象。整体来看，停车场存在占用道路严重，土地利用程度不高；均采用统一收费标准，停车场不能得到充分利用等问题
北京市（天安门至首钢小样带）城市内部空间结构及其影响因素探究	通过调查天安门至首钢沿线的土地利用、建筑物高度及功能，采用空间容积率、土地利用多样化指数、功能指数等指标刻画沿线空间结构形态及变化规律，进而划分样带上的功能区、总结典型空间用地模式，并探究其成因	从天安门向西，楼层高度呈现先增后减，在市区边缘增加的波动特征。商业零售、服务业用地具低层分散的趋势；居住用地则表现为向高层扩展；行政、军事用地与其他用地类型不相兼容，具有低层分散的特点。二环以内、三四环之间，以商业零售服务功能为主，同时兼有行政和科教文卫功能；二三环和四五环之间以及五环以外表现为居住功能为主，商业零售服务"伴生"。用地变化经历了由历史政治主导—经济主导—城市规划主导的发展方向

3 实践教学对学生创新能力的培养

"乡土地理"通过实践教学，为学生开展科研实践提供了思维空间和操作平台，对其科研能力的培养给予了启蒙。

创新能力的培养首先是激发学生的创新意识并具有发现问题、积极探索的心理取向。为了诱发学生的认知兴趣和好奇心，从身边现实的问题入手，引导学生关注身边的地理、生活中的地理，将所学课本知识与日常生活、社会实际紧密结合起来。为了进一步帮助学生养成独立、积极思考的习惯，在实践指导过程中所有问题(难点、创新点)都由学生参与并解决。在实践过程中安排项目开题、项目结题答辩等教学环节，让每组同学接受其他同学的提问并辩解，也让每个同学去质疑、借鉴其他同学的议题。这对于学生知识结构、逻辑思维的提高有促进作用，同时又充分地突出了学生的主体地位，调动了学生的积极性。

学生在实践的过程中，由于设计的是综合命题，需要对乡土地理要素的组成结构、演变和分布进行描述、比拟和联想，促使学生通过社会调查、实地测量获取资料，进而整理数据、分析资料，这个过程会运用到比较、归纳、推理、判断等多种逻辑思维方法，有助于学生掌握正确的思维方法去独立分析事物，解答、解决问题。培养学生创新思维的同时，对图、文、数据等乡土地理信息的分析和处理，需要运用多门课程的理论基础知识和多个地学软件，这有助于学生地学统计分析、地图制图能力的培养，也是开展创新工作的基础技能。

同时，鼓励学生在实践调查中积极合作、取长补短，养成善于交往与合作的习惯，能够共同分享达成目标后的喜悦，也能共同承担实践过程中的困难，培养积极负责、团结协作的科研精神。以下是学生的课程学习心得摘录，是学生对个人能力提升的真实总结。

学完乡土地理这门课之后，我有以下收获：骑着自行车到学校周边进行调查，对于基本不出校门的我来说，使我增进了对学校周围的情况的了解；也学会了怎样与陌生人谈话，做调查。在对校园进行规划的过程中，锻炼了全面考虑问题的思维方式，在小组讨论的过程中，也学会了如何与组员和睦相处，共同探讨、采纳他人的意见。(本科生张简)

在乡土地理课上学到了实际中不可缺少的知识。比如实际调查的能力，团队内沟通协调的能力，查找资料、分析问题的能力。在我们小组做四合院、新一、新二的规划时，从开始的搜集资料，到最后的报告，每一步都凝聚了小组每个成员的思想和努力。在讨论的许多时候大家的想法发生了冲突，但是好多想法都是在讨论中萌发和优化的。从中学到的不仅仅是如何规划，更多的是如何交流和沟通，如何在一个团队中发挥自己的作用。(本科生宁红)

乡土地理无论是在课上还是在课下都是以学生为中心。在小组活动中，我第一次当了组长，才感觉到原来组长并不是好当的。她要负责协调组员之间的关系，安排小组作业的活动时间，需要有一种很强的责任感，这是我之前没有体会到的，同时也是对我日后的工作和学习帮助很大的。(本科生何婷)

这是我第一次以小组为单位，自己定题目，自己出去调查、搜集资料。经过这次课程后，真的明白"要做点研究工作很难""做学问者怕的是思想上的没办法"。自己对做工作的总结：信心＋耐心＋恒心＋努力。(本科生林碧扬)

这次校园周围交通安全的评价调查活动不是一般的书面作业，而是真正的采取实际行动、解决实际问题，进行实际操作，与研究书面理论的确有很大的不同。我们在调查之前，总是按照平时作业的习惯，把问题简单化、单一化。结果等到实地考察，才错漏百出，需要很多的额外工作才能弥补当初计划上的缺陷。我们认识到，在行动之前应该做好充分的准备工作，对自身能力、对资金设备等条件的估计、对工作的困难程度都应该有一个清醒的认识。不能眼高手低、盲目行动。（本科生高美玲）

乡土地理课程安排我们自己选择题目、调查内容，自行安排时间、调查进度，最后统计数据分析结果。一切的一切全部是小组团队自由控制，由老师和其他小组提供意见和建议。自主性的活动可以极大地调动组员的积极性，这是我的第一点感想。第二就是理想与现实的差距。在调查之前，我们小组设想了好多方案，但具体开始记录数据时才发现数据测量的难度，预期真的和实际差很多，这使得我们只能不断修正并调整预期的目标。（本科生李凌）

综上所述，"乡土地理"作为区域地理中的最低层次、最基本单元的地理，承担着主要的实践任务，蕴涵着培养学生创造性思维和创新能力的丰富素材，可以通过加强实践教学环节来提升教学内涵和质量。北京师范大学的"乡土地理"教学从身边的、生活中的人地关系问题入手，以校园及周边、城乡过渡带为实践基地，采用立项申报制，由学生自行组队并确定研究命题，并用管理科研项目的规范流程来组织实践活动。实践过程有助于培养学生的地理观察、分析、实践能力，通过激发学生的兴趣和好奇心，训练学生的综合思维，培养学生地学统计分析、地图制图技能，全面提高学生的创新能力。

Practical Teaching of "Local Geography" and its Role on Cultivating Students' Innovation Ability

Yun Su

School of Geography，Beijing Normal University，Beijing　100875

Abstract：One of the important duties of higher education is to cultivate students' innovation ability. There are abundant materials in "local geography" for cultivating students' innovation thinking and ability. Practical teaching can promote quality and connotation of the course. "Local geography" in Beijing Normal University focuses on human-environment relationship and takes the campus and half-urbanization areas nearby as practical bases. Students are asked to apply for projects by groups on their own，and managed by scientific research item norms. Practice process will help to inspire students' awareness of innovation，training the students' creative thinking and the development of research skills.

Key words：innovation ability，local Geography，practical teaching

"中国地理"课程的资源库系统与功能[*]

王静爱[1,2]，潘东华[1,2]，庄柳冰[1,2]，张兴明[1]，邢晓明[1,2]

1. 北京师范大学地理学与遥感科学学院，北京　100875
2. 北京师范大学区域地理研究实验室，北京　100875

摘要：本文基于国家精品课程"中国地理"，介绍了区域多元信息—多教学环节—师生双向反馈的资源库建设与功能。研究表明：系统建设与教材、课程与实践相配套的多平台与多媒体的地理资源库，可以实现全方位和多功能的教学配套，提高教学效率和优质资源共享。

关键词：中国地理；资源库；课程；多媒体

多媒体、网络等现代技术的蓬勃发展和普遍使用，带来了教育教学方式的重大改革，并极大地推进了教育信息化的进程，为教育资源的共享提供了有利条件。传统的授课方式已难以满足受教育者的学习需求。利用现代化的信息技术手段能够实现精品课程优质教学资源共享，并对其他课程起到示范、辐射作用，最终提高高等学校的教育教学和人才培养质量。

"中国地理"是教育部地理教学指导委员会制定的地理学本科专业的核心课程之一，作为区域地理学的重要组成部分，属于地理学专业基础课，具有综合性、区域性、渗透性与系统性的特点。北京师范大学开设的地理本科专业基础课程"中国地理"是国家级精品课程，课程的建设将逐步实现教学资源的公开与共享，即通过利用多媒体技术将多种形式的素材资料实现有效的装载、组织、集成和调用，用集声、像、图、文为一体的资源库使得学生通过多感官全面地学习相关知识和锻炼各方面能力，有效地辅助课程的教学。本文对"中国地理"相关资源库进行搜集和整理，以便更好地服务于教学。

1　中国地理资源库的建设理念和框架

1.1　中国地理资源库的建设理念

基于中国地理课程"流域系统"的理念，与教学过程的"上游""中游"和"下游"三个阶段的建设相配合，设计和建设了一批在功能上彼此区别却又相互联系、相互补充的资源库。"中国地理"课程借用地理中"流域"的概念，将教学过程分为"上游""中游"和"下游"三部分，能量(能力)和物质(知识)通过网络平台进行流动和传输。随着教师的传授、学生的消化及师生间的互馈，能力和知识在流动的过程中越来越趋于高处[1]。

课程建设的"上游"主要体现教师的储备过程，即教师对课程与教材的设计能力。通过建设一支水平高、结构合理的教师队伍，依靠全体教师的能力编制立体化的教材，并设计操作性强的教学大纲来实现。"中国地理"精品课程的教材建设以纸介质教材为主，配以电子教材，组织出版了"教科书—电子教案—教学软件—地图"的立体化核心教材，形成了与"上游"建设目标相匹配的与教材配套的资源库：《中国自然地理》计算机辅助教学(CAI)软件和《中国地理教程》辅助教学系统。

* 本文受国家基础科学人才培养基金项目(NFFTBS-J0630532)资助。

作者简介：王静爱(1955—)，女，教授。北京师范大学"区域地理国家级教学团队"带头人。sqq@bnu.edu.cn。

　　课程建设的"中游"在整个流域中起着重要作用,是"中间环节",联系着"上游"和"下游"。"中游"的教学过程要用多样化的教学环节、有效的教学方法和优质共享的教学资源,来完成课程内容教学。通过建设与课程配套的网络资源库(中国地理网络教学平台和中国地理课程资源网),将最好的教学内容、教学方法以及师生互动形成的课程精华搬上网络,使广大师生可以共享最优秀的教学资源,并且有利于教师之间的交流与相互借鉴,及时更新知识体系,相互沟通共同提高。

　　课程建设的"下游"是整个流域的"归宿",是课程的最终目的。通过教育教学过程和网络平台实现"上游""中游"物质的扩散(或传播)和能量的增值,实现让学生掌握更多的知识,并最大可能地提高学生的科研能力的目标。这部分强调通过开展多层面的学生实践,有效转换积累的知识和能量,全面提升学生各方面的能力。因此,要建设为学生实践服务的资源库,如遥感影像系统,同时,将建设资源库作为一种科研训练的手段,引导学生参与建设资源库,如周廷儒院士纪念网站,对本科生进行科研能力训练(图1)。

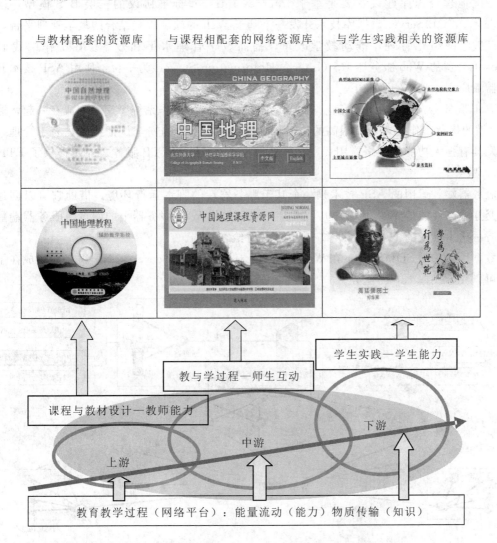

图1　基于"流域系统"教学理念的资源库建设框架

Fig. 1　Building framework of resources pool based on "basin system" teaching concept

此外，基于中国地理"多源信息—多教学环节—师生双向反馈"的教学理念，依据"中国地理"学科的区域性、综合性、交叉性和实践性四个特征，将资源库建设为集"多源信息"(地图、遥感、视频、CAI、网络等多媒体)为一体，利用光盘、网络和计算机系统等多种平台进行资源共享、资源互动。多种媒体、多种平台之间取长补短，形成资源共享网络，有效地达到师生互动和学生知识能力的提升。

1.2 中国地理资源库建设的技术框架

近年来计算机应用技术的不断发展，特别是网络通信和数据库技术的日趋成熟，为实验教学管理提供了先进的技术平台和实现手段。B/S架构的管理模式成为主流，统一的浏览器界面和以Web服务器为中心的分布式管理体系是这一代产品的主要特点，普遍采用SQL网络数据库，大大提高了数据处理能力。中国地理资源库的建设正是基于这样的网络平台实现资源共享与信息开放，从而共同提高教与学的效率。

中国地理资源库建设主要是基于Internet/Intranet标准协议的三层B/S模型，运用ASP技术、SQL Server数据库技术开发一个基于Web的软硬件相结合的教学管理平台，可以实现教学网络化管理，推动教学改革，提高教学管理水平和效率。在工作中我们以Microsoft公司的Web服务器IIS (Internet Information Server)为平台，使用ASP技术开发服务器端应用。具体实现如下。

Web服务器：它采用IIS信息服务器，与NT Server操作系统紧密地集成在一起，通过NT所做的优化工作使之具有很高的执行效率，且采用NT的安全认证特性，易于管理，便于开发具有强大功能的网络应用程序。另外IIS除了提供HTTP服务之外还提供了FTP及Gopher服务。

服务器端：运用的ASP技术是一个基于服务器端的脚本运行环境，借助它可以创建动态、交互式高性能的Web服务器应用程序。它可以将Web服务器上的网页由服务器端翻译并执行后送出标准的HTML和客户端脚本文件给客户端。

数据库：采用SQL Server在Windows NT环境下SQL Server与NT很好地集成在了一起，可以充分发挥NT的优势。

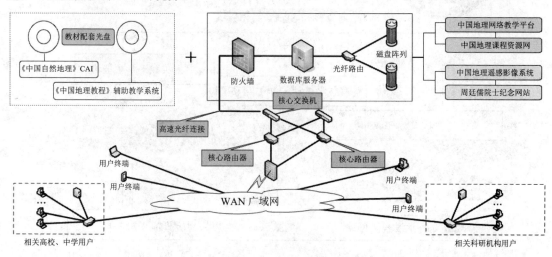

图2 中国地理资源库的网络拓扑结构及主要资源库

Fig. 2 Topology structure and main resources pool of resources pool system of China geography

　　中国地理资源库的建设主要涵盖三大内容：一是与教材相配套的资源库建设，主要由《中国自然地理》(CAI)与《中国地理教程》辅助教学系统两个与教材配套的光盘组成；二是与课程相配套的网络资源库建设，主要由中国地理网络教学平台与中国地理资源网构成；三是与学生习作相关的资源库建设，主要由中国地理遥感影像系统与周廷儒院士纪念网站构成（图2）。三种资源共同集成在网络平台上分阶段、分对象与教学有机结合，使传统教学方式借助网络优势，更好地发挥知识传播与资源共享的作用。

2　与教材配套的资源库建设与功能

2.1　《中国自然地理》计算机辅助教学(CAI)软件

　　《中国自然地理》(CAI)的开发，核心内容以《中国自然地理》(第三版)为主要参考依据，其教学内容包括中国地貌、中国气候、中国水文、中国土壤地理、中国生物地理、中国自然环境演变与自然灾害六大方面的教学课件[2]（图3）。《中国自然地理》(CAI)将多源信息媒体综合集成，可用于教师的课堂教学，更重要的是，提供了人—机交互功能，为学生自学提供了便利条件。与其他资源库相比，其在培养学生地理学思维和自主学习能力方面有很大优势。具体体现在以下两个方面。

图3　中国自然地理 CAI 内容结构

Fig. 3　CAI content structure of China's physical geography

　　首先，克服了很多传统教学方式的缺陷：①CAI以生动的画面、形象的演示，给人以耳目一新的感觉，能达到传统教学无法达到的教学效果，使讲解更直观、更清晰、更具吸引力；②CAI可以增加课容量，提高课密度，在单位时间内可以掌握更多的知识点；③CAI具有学习者和教师自由调整和控制学习进程的特点，从而做到因材施教；④CAI软件具有易传播性，使好的教学方法可迅速推广全国各地，这就促进了教学方法的更新。

　　其次，CAI为学生提供了一个全新的学习环境，最大的创新之处就在于：可以使学生通过与计算机的交互对话，让学生参与教学过程，开发学生的创造性思维，将学习过程从课堂上的被动听讲变为计算机前的主动学习。在地图交互环境中，掌握区域分异知识。在时间空间交互环境中,可以把复杂的内容、抽象的自然空间格局演变过程,用高度集中、简化的方法进行再现,可以有效激发学生的想象力、创造力,培养学生的发散性思维、创造性思维[3]。

《中国自然地理》(CAI)软件本着"增强学生全方位观察、多层次分析的能力,培养学生时空对比思维以及由抽象到形象,再到抽象的思维方法"的教学目标,将多媒体技术与超文本联合运用,设计独具地理特色的交互环境,提供给学生交互灵活的界面,多入口、多分支的系统,使学生在整个学习过程中,都掌握主动性,实现了因材施教、因人施教的高校理科教学特色。

2.2 《中国地理教程》辅助教学系统

为配合中国地理课程的讲授,向学生提供一个获得课程相关资源的渠道,专门将课程相关多媒体素材进行集成,最终以教材配套光盘随书使用,方便学生直接下载相关课程教案、地图、数据及文献[4]。该光盘本着"多源教学信息支撑"的理念,提供包括文字、遥感影像、地图、图表数据等类型的素材,其框架包括以下几部分(图4)。

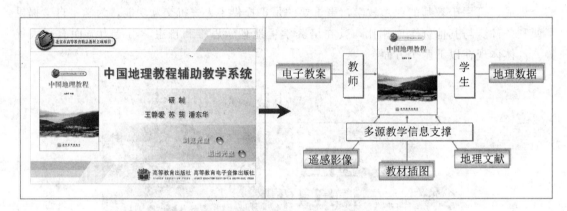

图4　《中国地理教程》辅助教学系统内容结构

Fig. 4　CAI System's Content structure of the course of China geography

(1)电子教案。该教案尽可能反映教材内容设计的初衷,与教材的结构配套,分设3篇:上篇是总论,整体介绍了中国地理区位与特征、地理景观格局及其演变、人口和城市化、自然资源、国土开发以及地理区划;中篇是专论,主要介绍了与中国区域可持续发展密切相关的可持续发展对策和地理工程;下篇是分论,分别阐释了中国东部、中部、西部及海洋4个地带的14个地理区域的人口、环境、资源与区域发展(PRED)。该电子教案为教师授课和学生学习提供了思路和教学框架参考。

(2)遥感影像。从三个维度提供可以进行区域地理信息识别和分析的遥感影像:一是分省区遥感影像;二是分时段遥感影像;三是分事件遥感影像。

(3)教材插图。图件与教材插图一一对应,为教师授课和学生学习提供地图信息。

(4)地理数据。包括三个方面:全国行政单元地理数据;中国北方农牧交错带人口变化数据;中国东部南北样带数据。

(5)地理文献。主要包括三方面:教材专著目录;地理期刊目录;乡土地理文献。

该光盘提供的遥感影像除了提供区域的影像,还呈现了不同时间段同一区域的影像比较,培养学生自行对比各地理景观类型与特征的变化、分析人地相互作用成因机制。此外,所提供的洪水及风沙灾害的孕灾环境遥感影像十分有利于培养学生分析自然灾害与各地理要素的相互关系，认识灾害的发生、发展过程。素材库所提供的地理数据特别关注了农牧交错带和东部南北样带，通过与实际问题的紧密联系，培养学生学会使用地理相关知识解读我国社会发展中所关注的问题。此外，地理文献资料的整理，方便学生自行对所需信息进行搜索，提高信息搜索的能力。

3 与课程相配套的网络资源库建设与功能

3.1 中国地理网络教学平台

随着校园网的普及和发展，网络版教学课件在教学中被广泛运用，网络型多媒体教学课件是课件研发的一项新内容，网络型多媒体教学课件既可以实现传统课件的功能，又具有网络系统优势，因此是未来课件的发展方向。中国地理精品课程网站的设计本着教师为主导、学生为主体的原则，以师生交互为线索的思路，按照"谁来教（教学队伍）—教什么（课程介绍）—怎么教（网上课堂）—怎么学（学生实践）—课程补充资料（网络资源）—教得怎么样（教学评价）"的顺序实施教学过程，学生通过"学生实践""网络资源""教学论坛"模块进行自主的学习、研究与交流，最后课程以学生评价为主、专家评价为辅，反映真正的教学水平[5]。中国地理网络教学平台在资源共享方面可以提供三方面的重要功能：一是提供详细的课程信息；二是提供全面的课程资料；三是进行师生网络互动（图5）。每个模块具有更加详细的功能分工[6]。

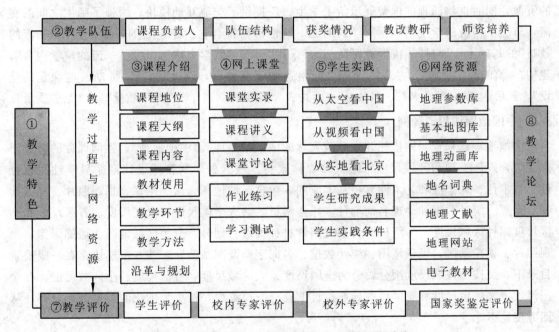

图5 中国地理精品课程网站资源一级目录及功能

Fig. 5 Network resource's first directory and function of the course of China geography

（1）提供详细的课程信息，起到精品课程的示范辐射作用的模块

模块①教学特色，提纲性地概括了中国地理网络课程的总体特色：高度的综合性，广阔的基础性，多样的实践性。模块②教学队伍，全面介绍了中国地理课程的课程负责人及教师队伍。模块③课程介绍，对中国地理课程作了总体描述，主要包括：课程沿革、课程内容、教材、教法、教学条件及未来规划等，以便让学生了解学习中国地理这门课程的目标、须掌

握的重难点等。模块⑦教学评价，作为对课程教学效果的衡量，主要包括：学生评价、校内外专家评价以及国家奖专家鉴定评价等。评价过程以学生评价为主，专家评价为辅，从侧面客观地展示了课程的真实教学水平。

(2)提供全面的课程资料以便资源共享的模块

模块④网上课堂，作为实地教学的网上再现和拓展，包括课堂实录和课堂讲义，承袭了课堂教学及文字教材的"章—节—目—知识点"的四级式结构，为学生的课前课后的自主学习提供充分的资源。模块⑤学生实践，提供了大量的实践教学案例及配套指导和实践环境。"学生实践"包括三个层面：宏观层面的从太空看中国；中观层面的从视频看中国；微观层面的从实地看北京。模块⑥网络资源，用于学生作业和课外阅读及教师备课及其他研究，主要包括地理参数库、基本地图库、地理动画库、地名词典、地理文献、电子教材等八个资源库。不仅可以增强地理感性认识，还可能激发创新和生成新的教学内容。

(3)进行师生网络互动的模块

模块⑧教学论坛，能够实现师生的灵活交互，体现了课程的师生互动。通过网络论坛，学生可对上课内容或自己感兴趣的涉及地理方面的问题进行提问，教师有的放矢地回答，不仅促进了教学过程，提高教学质量，而且能够推动学生进行自主学习的积极性，引导学生联系自己的经验主动构建和创造知识体系。

中国地理精品课程网站模块简单明了，结构清晰，重点突出。方便学生快速地找到需要的资源，同时也将课程的框架展示给了学生。还提供了交流互动模块，增强了师生之间的交流，解决了传统的学生"找老师难"的问题。这也恰好符合它的建设目的：要在建设"一流的教材"的基础上，通过"一流的教师队伍"，采用"一流的教学方法"，精选"一流的教学内容"，建构"一流的教学资源"，并通过计算机网络达到资源共享，通过"示范""带动其他课程的建设"，最后达到"名师、名校、名教材"全国共享，"全面提高高等教育教学质量""人才培养质量"。

3.2   中国地理课程资源网

中国地理课程资源网依托北京师范大学的国家精品课程"中国地理"，强调课程的教学理念、综合媒体类型和区域尺度来集成多媒体素材。该素材库的整体设计遵循科学性、教育性、技术性、动态性和艺术性五项基本原则，包含区域地图、遥感影像、景观照片、视频动画、音频、统计数据和地理名词七种多媒体素材，共有全国尺度、大区尺度、省区尺度和小区尺度四种区域尺度。一级检索目录按照素材种类进行划分，分为区域地图、遥感影像、景观照片、视频动画、民乐地图、统计数据、名词字典及网站简介，共八个模块；在一级检索目录下，又按照区域尺度细分，分为全国尺度、大区域尺度、省区尺度、小区域尺度。在全国尺度、大区域尺度和省区尺度导航栏目下设有下拉菜单，按更为细化的类型进行分类，从而方便检索。

中国地理课程资源网最主要的功能是提供多种媒体资源，且通过四种区域尺度的分类方法，与其他资源库和教学环节配合使用，方便教师教、学生学，有效提高资源利用效率和学习效果(图 6)。

"中国地理"精品课程资源网将多媒体技术与网络技术结合起来，充分发挥两者的优势，不仅为教师教学和学生学习提供了一个新的资源平台，作为"中国地理"精品课程平台的一部分，它和课程网站、课程论坛、多媒体实习系统软件结合在一起，相互配合、相互辅助，为课程教学理念指导下的多教学手段和多教学环节的实施提供了切实有力的保障[7]。

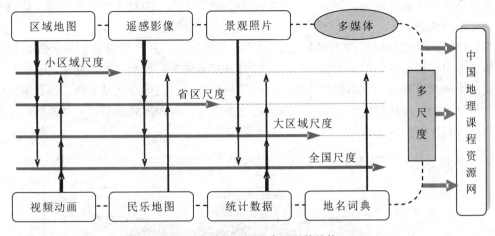

图6 中国地理课程资源网的结构

Fig. 6 Network's structure of the course of China geography

4 与学生习作相关的资源库建设与功能

4.1 中国地理遥感影像系统

中国地理课程设置了学生实践环节，其中，从"太空看中国"这一环节利用遥感影像帮助学生从宏观视角观看真实状态的中国，训练学生的遥感影像判读和地学分析能力。中国地理遥感影像系统包括：中国全域的四季和昼夜影像、典型地区分幅遥感影像、典型地貌航空影像和景观照片、主要城市遥感影像、海冰和沙尘暴影像等部分。可直接对这个系统进行操作，遥看中国，辨识中国地表结构及演化，把握全国地理特征。使学生能对不同尺度区域进行多方面要素的综合探索，在有限时间内探索无限空间，从而提高学习效率。

中国地理遥感影像系统可以实现的主要功能有三方面：第一，提供不同尺度下的区域遥感影像，培养学生空间分析能力。中国地理属于区域地理的一部分，在学习区域地理的过程中，由于区域具有层次性、多要素综合性等特点，要培养学生从不同尺度关注区域。第二，提供不同区域的遥感影像，培养学生对地理要素的判读能力。对区域各要素信息进行提取，包括自然灾害带、行政边界、交通、经济要素等，进而观察这些要素是如何在单一区域里综合呈现的。第三，提供同类不同区域的地理要素遥感影像，培养学生的对比观察分析能力。由于区域同时具有差异性，因此要注意培养学生通过对比观察分析差异的能力。一方面能够让学生认识区域不同要素从高空观察的真实影像，提高学习的趣味性；另一方面让学生学会观察同一要素在不同区域的表现差异并且分析导致这种差异形成的原因。该分类体系分为三级，其划分标准分别为：第一级为直观的地貌因素；第二级为导致同一地貌不同表现的气候因素；第三级为考虑到人类活动影响的土地利用类型。

该系统提高了学生自主利用网络资源获取所需空间信息进行多角度区域地理学习的能力。遥感影像的分类系统，综合考虑自然和人文要素，根据不同级别选择相应的划分标准。整个系统既包含单一区域里多要素的综合体现，又包含单一要素在多个区域的不同表现，锻炼了学生多角度地认识区域的能力。

4.2 周廷儒院士纪念网站

"周廷儒院士纪念网站"[8]是在"中国地理"课程项目支持下，由本科生负责建设而成的。

该网站即是学生实践的成果，同时，也是前辈师资的资源库，为以后的教师和学生提供精神资源的传承和共享。

"周廷儒院士纪念网站"的内容特色是"专"，有针对性；并且能够让学习者进行自主学习、协作学习、探究性学习。"周廷儒院士纪念网站"不同于一般学科学习网站，它主要涉及周廷儒院士的生平事迹、学术研究、杏坛建树和思想理论研究等。网站主题应以研究性学习和纪念传承为主，网站面向的对象也不仅仅是在校学生，同时网站也是研究周廷儒院士等相关人员的资料库和研究基地（图7）。

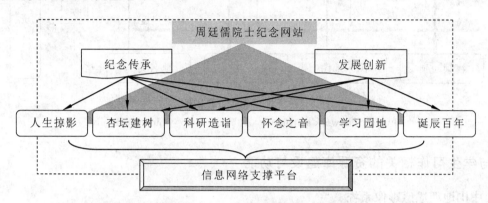

图7 "周廷儒院士纪念网站"模块体系及功能
Fig. 7 Module's system and function of academician
Tingru Zhou memorial website

"周廷儒院士纪念网站"是面向对象的三维立体式的发展和传承模式，它综合了与周廷儒院士相关的各种各类的资料，把周廷儒院士的学术思想和学术精神融于其中，在了解过去中传承方法，在认识现在中传承精神，在预测未来中发展创新，尤其是研究型学习上的创新[9,10]。

"周廷儒院士纪念网站"至少提供了四方面的功能：一是实现传承周廷儒院士学术和精神的功能；二是展示与学习周廷儒院士专题相关的结构化知识，满足不同层次、不同类型的学生自主学习的需要；三是提供与周廷儒院士专题相关的扩展性的专题学习资源库，便于学生进行探究性学习；四是创新之处在于提供远程互动交流平台，实现远程学习者与学习者之间对周廷儒院士网站专题内容的交流探讨。此外它还具备一般网站的功能，体现了功能的完备性和综合性。

"周廷儒院士纪念网站"展示了很多先生的科研成果，让学习者能够学到更多的专业知识。其次网站非常详尽地介绍了先生的生平，在介绍先生"为学"的基础上，又把先生的"为人"展示给了读者，教育是渗透于点滴细节中的，与说教相比，这些日常表现，更深入人心地起到了教育的作用。其网络形式克服了传统传承方式的缺陷，使得宗师的精神和知识更快、更广地得到传播，启示每一名教育工作者去自省行为，以身作则，言传身教。

5 总结与展望

中国地理课程资源网络平台自2005年正式运行以来，经历了2003、2004、2005、2006和2007级五届学生的使用和参与建设，通过不断发现新问题、补充新资源和创造新内容，网站平台建设不断完善，学生对于中国地理课程的关注度逐年攀升。中国地理资源库建设依托网络平台，不仅具有资源共享性、信息开放性、结构层次性等一般特征，同时资源库的建设充分结合教学理念，使其具有以下特征。

（1）过程的异步性。传统课程从教学的内容、结构、组织到过程大都由一条主线构成，不管学生懂不懂，在学习和操作的时候，大都以从开始到结束的方式进行，强调教师控制操作，任何学生的学习内容、过程、组织都是同步的，而在网络平台教学过程中，学生可以根据自己掌握的知识程度，进行自主学习。学生在学习过程中，认知的起点、路径、水平、程度、反馈都可以不同步。同时，教师通过网络平台提供的交互环境进行个别辅导。在网络环境下，学生还可以在不同的时间、空间进行个性化自主学习，充分发挥网络资源库异步、异域的教学功能。

（2）反馈的及时性。网络平台建立了多渠道的信息反馈系统，利用讨论组、电子邮件(E-mail)、电子公告板(BBS)等手段，建立了学生⇌学生、学生⇌教师、教师⇌教师、学生⇌教师⇌学生多层次的在线反馈系统。学生如果有疑问或思考，通过以上手段，均能及时得到反馈和响应。网络资源库制作中，将数据库等计算机技术综合运用，可设计在线测试和辅导，学生能够随时在网上进行在线测试，检查自己的学习效果，并获得下一步学习内容、学习方法、学习层次等方面的指导，有效地进行个别化学习。

（3）交互的多样性。传统的课程交互大多是单一用户进行交互，交互层面和方式是单一的、被动的。中国地理资源库的多媒体，能够提供多层次的主动交互，如学生⇌课件、学生⇌学生、学生⇌教师、教师⇌教师、教师⇌课件等，中国地理资源库的网络信息平台提供了多样的交互手段，如网页导航系统、教学专题论坛、E-mail、BBS，都能较好地实现协作学习和交流。

（4）资源的导航性。传统课程教学大多采用流线型框架，教学入口与出口均很单一。中国地理网络平台通过超级链接将教学资源连接起来，学生可以通过按钮、文字提示、图片等链接信息，自由地进入到自己感兴趣、需要学习的内容部分，到达某章节教学资源的起点、路径、方式都可以不同，通过资源库的导航系统，学生可以根据自己掌握知识的情况，从不同的入口进入相应的教学资源，同时，教师根据学生不同的学习效果，有针对性地指导学生进行下一环节的内容学习，真正做到"以人为本，因材施教"。

与此同时，随着师范生免费政策的出台，中国地理课程网站越发重视对于师范生和国民国情教育的培养，因此正在进行在原有网络资源库的基础上添加"师范教育模块"子模块的设计和探索，希望能够将中国地理课程的辐射方向拓展到师范教育领域和中学去，提高我国国民的地理素养；"中国地理"课程在能力训练方面也在进行训练模式和资源库的建设探索，希望在未来的教学实践中不断创造、创新资源库，为国家精品课的资源共享起到示范性作用。

参考文献

[1] 王静爱，苏筠，贾慧聪. 国家精品课程"中国地理"的教学理念与建设[J]. 中国大学教育·中国大学教学，2007，6：17～22.

[2] 赵济，张超. 中国自然地理 CAI（光盘）[M]. 北京：高等教育电子音像出版社，高等教育出版社，2000.

[3] 朱良，王瑛，王静爱. 中国自然地理 CAI 的交互环境设计[J]. 高等理科教育，2004，(4)：97～100.

[4] 王静爱，苏筠，潘东华. 中国地理教程辅助教学系统（光盘）[M]. 北京：高等教育电子音像出版社，高等教育出版社，2008.

[5] 中国地理课程网站，http：//course. bnu. edu. cn/course/cgeography/cn/index. htm.

［6］王静爱，赵济，苏筠，等. 依托精品课程建设"中国地理"网络教学平台［J］. 呼伦贝尔学院学报，2006，14(4)：21～31.

［7］张娇霞，谭静，王静爱. "中国地理"精品课程多媒体素材库的建立与应用［C］//大学地球科学课程报告论坛组委会. 大学地球科学课程报告论坛论文集. 北京：高等教育出版社，2008：47～50.

［8］周廷儒院士纪念网站，http：//www. zhoutr. cn/.

［9］孔峰，潘雅婧，刘秋璐，等. 建设地理学大师网的实践与创新——以周廷儒院士纪念网站为例［J］. 中国多媒体教学学报，2009.

［10］潘雅婧，孔锋，刘秋璐，等. 基于网络平台的地理宗师精神与学问的传承与共享——以周廷儒院士纪念网站为例［C］. 大学地球科学课程报告论坛，2009，97～100.

Construction and Function of Resources Pool System of China Geography

Jing'ai Wang [1,2], Donghua Pan [1,2], Liubing Zhuang [1,2],

Xingming Zhang[1], Xiaoming Xing[1,2]

1. School of Geography, Beijing Normal University, Beijing 100875

2. Key Laboratory of Regional Geography, Beijing Normal University, Beijing 100875

Abstract：This article introduces the construction and function of resources pool of the mode of "Multi-source information，Multi-teaching process & Two-way communication between teachers and students" based on the National Quality Course "China Geography". Results indicate that a multi-platform and multi-media geography resources pool characterized by systematic integration among textbook，curriculum and students' practice could accomplish an all-directional and multi-functional teaching supporting，and raise teaching efficiency and share the high-quality resources.

Keywords：China Geography，Resources pool，Curriculum，Multimedia

科学研究和大学生
创新能力培养

基于 DEA 方法的城市更新绩效评价[*]

张文新[1]，李燕[1,2]，王萌[1]，何岑蕙[1]

1. 北京师范大学地理学与遥感科学学院，北京 100875
2. 北京大学深圳研究生院城市规划与设计学院，深圳 518055

摘要：城市更新的绩效评价是一个值得关注的重要问题，它关系到城市空间结构变化的度量、资源的合理利用、政策力量的发挥和城市环境的改善等方面。本文通过回顾北京市 20 世纪 80 年代以来由计划经济转向市场经济、由政府包办转向房地产企业带动、逐渐规模化和规范化的旧城改造进程，从政策驱动的角度分析旧城区对改造的响应。采用多目标决策的数据包络分析方法，以北京市西城区为例，对西城区近十年旧城改造做出综合绩效评价。总体来看，北京市西城区十年来旧城改造综合绩效良好，只有少数几年的政策和相关投入与城市发展规律不相吻合。北京旧城改造各项法规的落实和各种经济投入，推动了旧城区经济的发展和旧城风貌的改变，但对社会空间结构优化和环境绿化的作用比较微弱。

关键词：城市更新；绩效；数据包络分析；旧城区；北京

1 引言

城市衰退作为城市发展过程中不可避免的历史现象，已变得日益国际化，成为一个全球性的重大问题[1]。城市更新（urban renewal）被越来越多地用于改善城市环境，解决城市衰落问题，实现城市各种社会、经济目标[2]。随着城市更新规划观念和思想的转变，一向以大规模拆除重建为主，目标单一和内容简单的城市更新和贫民窟清理出现蜕变，转向了以谨慎渐进式改建为主、目标更为广泛、内容更为丰富的社区邻里更新[1]。城市更新关系到城市经济、社会、环境功能的和谐以及城市的可持续发展。随着工业化和城市化进程的加快，我国一些城市也面临着城市中心区衰退、城市边界扩张、产业结构演进带来的土地不合理利用等众多问题。在此背景下，一些城市开始进行旧城改造与城市更新。以北京市为例，20 世纪80 年代以来，北京市针对老城区进行了两次大规模的危改，拆除、改造了大量危旧房。然而这两次大规模危改并未达到预期的解决住房需求缺口的问题，却引发了一些社会、经济问题，诸如拆迁居民安置、房改后回迁费用超出居民承受能力、改建的商业设施供需失衡等[3]。这些问题引导我们去关注旧城改造的实际效果：各种投资、建设、开发是否有利于城市功能的发挥和有效利用城市空间？城市更新在经济、社会、环境方面是否达到预期目标，是否有利于城市的可持续发展？本文针对北京旧城改造的绩效进行评价，为相关研究和政府有关决策提供参考。

西方学者研究城市更新问题的角度很多，有的关注城市更新的发展战略[4]，景观变化[5]；有的则侧重城市更新中政府管理能力和政策的扩展[6,7]，社区改造的经验[8,9]。Anne Rogers 等通过发放调查问卷，从生活质量、精神健康和城市的感知方面对城市再生进行了定性的评价[10,11]。国内研究关注城市更新的角度与国外存在很大差异。研究集中在城市更

---

[*] 本文受国家基础科学人才培养基金项目（NFFTBS-J0630532）资助。

作者简介：张文新（1968— ），理学博士，教授。主要研究领域为城市与区域规划、土地评价与土地利用规划、人口迁移与城市化、城市与区域可持续发展等。wzhang@bnu.edu.cn。

新动力机制和建设目标[12]、经济可行度和可持续发展[13]、土地利用[14]、土地权益动态增量合理再分配[15]、房地产开发模式[16]、城市更新有效的竞争机制[17]等方面。

绩效(performance)研究源于工业心理学在实验室对人类认知加工效果的测度[18,19]，1990年以后被西方经济学者引入制度经济学中，用于评价制度的运行状况[20,21]。近年来，学者运用组织行为学、管理学、产业经济学以及土地管理学等理论和方法分别对企业经营绩效、经济政策绩效、土地制度绩效等方面做了研究[22~25]。在对城市更新绩效评价的研究中，Grace K. L. Lee和Edwin H. W. Chan通过层次分析法对香港的城市更新进行评估，用城市更新的可持续性作为绩效评价的最高层次，从经济、社会和环境的可持续发展三个方面，运用德尔菲法确定指标权重，得到城市更新绩效评估体系[2]。黄土正采用层次分析法和定性分析法对20世纪90年代以来北京旧城15个建成、在建和规划的功能区进行了简要的综合评价[26]。周滔、杨庆媛等采用信息熵的方法，以重庆江西区1996年至2002年的数据为基础，构建固定资产投资对城市土地利用综合效益演化提升绩效的评估模型[27]。目前关于城市更新绩效评价的研究定量分析不足，主观性很大；此外，对城市更新动态评价的研究案例很少，方法探索也不够全面。本文采用多目标决策的数据包络分析方法，利用多输入、多输出单元综合评价北京市西城区近十年旧城改造的绩效。与以上的评估方法相比，数据包络分析法(DEA)是一种动态的评价方法，可以真实地反映更新过程的效果。作为一个复杂系统的城市，其内部各环节相互作用，对动力机制的研究有一定困难。在研究城市更新的绩效时，数据包络分析方法将研究区域视为一个灰色系统，重点考虑其输入和输出而并不正面研究其各项因子的交互作用，可以避免对城市更新系统内部环节相互作用的理解的偏差。研究结果有利于对北京危旧房改造过程中的绩效变化的理解，对北京旧城改造的政策深化和发展方向有一定的指导意义。

2　北京市旧城改造进程回顾

20世纪80年代以来，伴随着政策导向的变化，北京市的旧城改造主要经历了四个阶段。

(1)成片拆迁工作起步阶段(1980~1990年)

1980年，北京市第一部地方拆迁法规《北京市基本建设拆迁安置暂行办法》诞生，提出了根据"原住房情况"和"家庭人口状况"(以后者为主)的拆迁安置依据。1982年颁布的《北京市建设拆迁安置办法》提出针对被拆迁人的家庭情况与待遇标准，按照房屋分配的制度进行调配。在安置方面，允许民居房临时周转以加快建设。1986年颁布的《北京限制在城区内分散插建楼房的几项规定》提出把保护古都风貌建设与现代化城市建设结合，分批划定改建区，实行成街成片的改建，圈定了第一批改建范围。

这一阶段房屋拆迁的法规都带有计划经济的色彩，被拆迁户居住问题的基本解决方式是周转和安置，考虑被拆迁人的家庭人口情况及待遇标准，按照房屋分配制度进行安置，按照分室标准，对原住房特困的住户适当照顾。政府出资、定标准、安置住户，一切由政府包办。

(2)危旧改造大规模化和拆迁工作初步走向市场化(1991~1998年)

《北京城市总体规划(1991年至2010年)》提出城市布局的基本方针要改变人口和产业过于集中在市区的状况，按照"分散集团式"布局原则，城市空间由市区中心地区和环绕其周围的10个边缘集团组成。旧城的常住人口要逐步向外疏散，增加城市绿化用地，提高城市环境质量。并提出了历史文化保护的三个层次和 10 条措施。1991 年北京市政府出台《北京市实施〈城市房屋拆迁管理条例〉细则》，将房屋所有者与使用者分别考虑，把"拆迁人"和"被拆迁人"作为平等的民事主体来对待。标志着北京城市房屋拆迁向规范化、法制化方向迈出了重要的一步。

虽然这一阶段的拆迁政策在一定程度上受到了计划经济的影响，仍然以家庭人口为主导分配标准，但是它处于经济体制的过渡阶段，具有一定的先见性和指导意义，为拆迁制度走向市场化、规范化、法制化奠定了基础。

(3)拆迁工作走向市场货币化(1998～2000 年)

1998 年，国务院发布《关于进一步深化住房制度改革，加快住宅建设的通知》，提出停止住房实物分配，逐步实行货币化住房分配。同年北京市人民政府实施了《北京市城市房屋拆迁管理办法》，提出房屋拆迁按照原建筑面积补偿，将计划体制福利分房观念下的"按人安置"转变为市场经济条件下的"按房补偿"；首次明确提出"货币补偿"，亦可"房屋补偿"，被拆迁人可以自愿选择这两种方式。这个阶段实施了货币化补偿，被拆迁者可以自愿选择。

在旧城文化保护方面，1999 年北京市出台了《北京旧城历史文化保护区保护和控制范围规划》，依据历史特色划定了 25 个控制保护的历史文化保护区。要求区内的建筑物、街巷胡同、绿化等基本保持(或修复)原历史时期的风貌和其原有的功能性质。

(4)第二次大规模拆迁工作开始并走向规范化，加强旧城保护(2000 年至今)

为了解决未能按协议规定按期安置被迁居民的问题，加强城市房屋拆迁管理工作，2000 年北京市政府颁布了《关于加强城市房屋拆迁管理的通知》和《北京市加快城市危旧房改造实施办法(试行)》。经过一年的危改试点工作，为进一步加快城市危旧房改造工作，实现五年内基本完成城区现有危旧房改造的目标，2001 年市政府决定扩大试点范围。2002 年为贯彻落实《北京市国民经济和社会发展第十个五年计划纲要》，进一步做好全市危旧房改造工作，北京市政府发布了《关于做好危旧房改造工作的意见》，规定到 2005 年基本完成城八区现有 303×10^4 m² 严重损坏和危险房屋的改造任务，重点是旧城区和关厢地区。提出正确处理城市现代化建设与历史文化名城保护的关系，在危改中保护历史文化街区的风貌和文物古迹。同时，在危改项目建设中，保证市政府规定的工程绿化率不低于 20%。

这一阶段，新的城市房屋拆迁大范围地实现了市场化转变；强调公开、公平、公正、法制化和规范化管理，减少了整个拆迁过程所需的时间和拆迁成本。另一方面，更加注重旧城内的历史保护区的控制保护和民居生活环境的改善。

3 北京城市更新绩效评价——以西城区为例

3.1 北京市西城区概况

北京市西城区是北京中心城区之一，也是典型的现代城市景观与历史文化风貌相结合的旧城区。西城区辖区面积 31.66 km²，截至 2007 年年底，全区总人口 87.8 万人，占北京市内城四区总人口的 34.2%。其占地面积和人口数在北京市内城四区中均占据首位。2008 年，地区生产总值达到 1 371.7 亿元，占北京市总量 13.1%。西城区内拥有全国和市级文物保护单位 49 处，占全市文物保护单位的 25%。

西城区作为北京市旧城区之一，积极响应北京市的旧城改造政策，建立和引进住宅建设开发公司，修缮改造旧胡同房屋、改造小区、开发高档商业建筑的建设项目。1990 年北京市政府第一批 37 个危改项目中，西城区共有 6 个；1995 基本完成改造后，第二批 72 个项目中该区共占 15 个。2007 年该区基本建设开复工已达 $1\,245\times10^4\ \mathrm{m}^2$。通过平房区街巷、院落保护性修缮，现有房屋质量、风貌有了显著变化。选取西城区为研究区域，因为这里是北京城市更新绩效的典型评价单元。

3.2　数据包络分析模型(DEA)

数据包络分析模型由 A. Charnes，W. W. Cooper 和 E. Rhodes 于 1978 年创建，是使用数学规划模型评价具有多个输入，特别是具有多个输出的"部门"或"单位"(也称决策单元，decision making unit，DMU)间的相对有效性(简称 DEA 有效)的分析方法。最早的研究基于一些非赢利部门(教育、卫生、政府机构)运转的有效性评价。后来，DEA 被广泛用于金融、经济领域中的项目评估。本文采用 DEA 方法中典型的 $\mathrm{C^2R}$ 模型对城市更新进行评估。

设有 n 个决策单元 $\mathrm{DMU}_j\,(1\leqslant j\leqslant n)$，每个单元 DMU_j 有 m 项输入 $(x_{1j},\ x_{2j},\ \cdots,\ x_{mj})$ 和 s 项输出 $(y_{1j},\ y_{2j},\ \cdots,\ y_{sj})$(其中 $x_{ij}>0$，$y_{ij}>0$)。为方便，记 $\boldsymbol{X}_j$ 和 $\boldsymbol{Y}_j$ 分别为 DMU_j 的输入向量和输出向量：

$$\boldsymbol{X}_j=(x_{1j},\ x_{2j},\ \cdots,\ x_{mj})^{\mathrm{T}}$$
$$\boldsymbol{Y}_j=(y_{1j},\ y_{2j},\ \cdots,\ y_{sj})^{\mathrm{T}}$$

设 v 和 u 分别为与 m 种投入和 s 种输出对应的权向量：

$$\boldsymbol{v}=(v_1,\ v_2,\ \cdots,\ v_m)^{\mathrm{T}}$$
$$\boldsymbol{u}=(u_1,\ u_2,\ \cdots,\ u_s)^{\mathrm{T}}$$

对于权系数 $v\in E_m$ 和 $u\in E_s$，决策单元 j(即 DMU_j，$1\leqslant j\leqslant n$)的效率评价指数为

$$h_j=\frac{\boldsymbol{u}^{\mathrm{T}}\boldsymbol{Y}_j}{\boldsymbol{v}^{\mathrm{T}}\boldsymbol{X}_j}\quad(j=1,\ \cdots,\ n)$$

我们总可适当选取权系数 v 和 u，使得 $h_j\leqslant1$ $(j=1,\ \cdots,\ n)$。

以所有的决策单元的效率指数 $h_j=\dfrac{\boldsymbol{u}^{\mathrm{T}}\boldsymbol{Y}_j}{\boldsymbol{v}^{\mathrm{T}}\boldsymbol{X}_j}\leqslant1$ $(j=1,\ \cdots,\ n)$ 为约束，构成如下 DEA 的分式规划问题($\mathrm{C^2R}$ 模型)：

$$(\mathrm{C^2R})\begin{cases}\max\dfrac{\boldsymbol{u}^{\mathrm{T}}\boldsymbol{Y}_0}{\boldsymbol{v}^{\mathrm{T}}\boldsymbol{X}_0}=V_p\\[2mm]\dfrac{\boldsymbol{u}^{\mathrm{T}}\boldsymbol{Y}_j}{\boldsymbol{v}^{\mathrm{T}}\boldsymbol{X}_j}\leqslant1\qquad(j=1,\ \cdots,\ n)\\[2mm]\boldsymbol{u}\geqslant0,\ \boldsymbol{v}\geqslant0\end{cases}$$

若令 $t=\dfrac{1}{\boldsymbol{v}^{\mathrm{T}}\boldsymbol{X}_0}$，$\boldsymbol{\omega}=t\boldsymbol{v}$，$\boldsymbol{\mu}=t\boldsymbol{u}$，分式规划问题($\mathrm{C^2R}$)可化为等价的线性规划模型 P：

$$(\mathrm{P_{C^2R}})\begin{cases}\max\boldsymbol{\mu}^{\mathrm{T}}\boldsymbol{Y}_0=V_{\mathrm{C^2R}}\\\boldsymbol{\omega}^{\mathrm{T}}\boldsymbol{X}_j-\boldsymbol{\mu}^{\mathrm{T}}\boldsymbol{Y}_j\geqslant0\quad(j=1,\ \cdots,\ n)\\\boldsymbol{\omega}^{\mathrm{T}}\boldsymbol{X}_0=1\\\boldsymbol{\omega}\geqslant0,\ \boldsymbol{\mu}\geqslant0\end{cases}$$

在评价决策单元是否为 DEA 有效时，用规划($\mathrm{P_{C^2R}}$)的对偶规划模型 D 为

$$(\mathrm{D_{C^2R}})\begin{cases} \min \theta \\ \sum\limits_{j=1}^{n} X_j\lambda_j + \boldsymbol{S}^- = \theta\boldsymbol{X}_0 \\ \sum\limits_{j=1}^{n} Y_j\lambda_j - \boldsymbol{S}^+ = \boldsymbol{Y}_0 \qquad (j=1,\ \cdots,\ n) \\ \lambda_j \geqslant 0 \\ \boldsymbol{S}^- \geqslant 0, \boldsymbol{S}^+ \geqslant 0 \end{cases}$$

其中，$\boldsymbol{S}^- = (S_1^-,\ S_2^-,\ \cdots,\ S_m^-)$ 是 m 项输入的松弛变量；$\boldsymbol{S}^+ = (S_1^+,\ S_2^+,\ \cdots,\ S_s^+)$ 是 s 项输出的松弛变量；$\boldsymbol{\lambda} = (\lambda_1,\ \lambda_2,\ \cdots,\ \lambda_n)$ 是 n 个 DMU 的组合系数；$e_1^{\mathrm{T}} = (1,\ 1,\ \cdots,\ 1)_{1 \times m}$，$e_2^{\mathrm{T}} = (1,\ 1,\ \cdots,\ 1)_{1 \times s}$；$\varepsilon > 0$ 是一个非阿基米德无穷小量。

设 λ_0，S_0^-，S_0^+，θ_0 为 (D_ε) 的最优解，则：

$\theta_0 < 1$，则 DMU_{j0} 不为弱 DEA 有效，该单元可通过组合将投入降至原投入 $\boldsymbol{X}_0$ 的 θ_0 比例而保持原产出 $\boldsymbol{Y}_0$ 不变；

$\theta_0 = 1$，$e_1^{\mathrm{T}} S_0^- + e_2^{\mathrm{T}} S_0^+ > 0$，则 DMU_{j0} 为弱 DEA 有效，即在这 n 个决策单元组成的系统中，对于投入 $\boldsymbol{X}_0$ 可减少 $\boldsymbol{S}^-$ 而保持原产出 $\boldsymbol{Y}_0$ 不变，或在投入 $\boldsymbol{X}_0$ 不变的情况下可将产出提高 $\boldsymbol{S}^+$；

$\theta_0 = 1$，$e_1^{\mathrm{T}} S_0^- + e_2^{\mathrm{T}} S_0^+ = 0$，则 DMU_{j0} 为 DEA 有效，即该单元在原投入 $\boldsymbol{X}_0$ 的基础上所获得的产出 $\boldsymbol{Y}_0$ 已达到最优。

令 $K = \sum\limits_{j=1}^{n}\lambda_j \cdot \dfrac{1}{\theta}$，当 $K = 1$ 时，称 DMU 规模有效；$K < 1$ 时，规模收益递增；$K > 1$ 时，规模收益递减。

3.3　评价指标与数据

在旧城改造过程中起决定性作用的政策导向，在实际操作平台上体现为各项投资和财政支出，因此在指标上选取相关投入指标；在确定输出单元时，考虑到经济、社会、环境各方面的效应选择了代表性的定量指标(表 1)。

表 1　输入—输出指标集合

Tab. 1　Input-output parameters

输入	固定资产投资	I_1	更新改造投资额(万元)
		I_2	基本建设投资额(万元)
	区财政支出	I_3	基本建设支出(万元)
输出	经济	O_1	人均国内生产总值(元)
	社会	O_2	常住人口(人)
		O_3	家庭年人均购房与建房支出(元)
		O_4	居民人均可支配收入(元)
	环境	O_5	旧城景观变化(拆迁还建竣工房屋面积)(10^4 m²)
		O_6	绿化覆盖率(%)

数据来源：《北京市西城区统计年鉴》(1997~2006 年)。

3.4　DEA 评价结果

运用 DEA 2.1 软件,将各年指标数据组输入,采用 C^2R 模型进行分析。由于资金投入和政策实施的绩效有一个"滞后期",因此本文选用经济、社会、环境效益的输出与前一年的输入指标相对应。

从 C^2R 模型的结果(表 2、表 3)可以看出,1998～2001 年、2004 年、2005 年的 $\theta_0=1$, $e_1^T S_0^- + e_2^T S + S_0 = 0$,均达到了 DEA 有效,即这些年份在原投入基础上已达到产出最优,并且从规模有效性上看,这些年份投入规模是适当的。而 2002 年、2003 年和 2006 年的 $\theta_0=1$, $e_1^T S_0^- + e_2^T S_0^+ > 0$,为弱 DEA 有效,即原投入超出了保持原最优产出所需的投入,减少原投入即可达到产出最优,其规模效益是递减的,因此下一年应适当地减少投入。

表 2　1998～2006 年西城区 DEA 有效性分析结果
Tab. 2　Results of DEA validity analysis of Xicheng district,1998～2006

年份	1998	1999	2000	2001	2002	2003	2004	2005	2006
相对效率值	1.000 0	1.000 0	1.000 0	1.000 0	0.631 9	0.836 7	1.000 0	1.000 0	0.807 6
K 值	1.000 0	1.000 0	1.000 0	1.000 0	1.629 7	1.292 7	1.000 0	1.000 0	1.502 5
规模有效性	规模适当	规模适当	规模适当	规模适当	规模递减	规模递减	规模适当	规模适当	规模递减

表 3　1998～2006 年西城区 DEA 分析输入—输出松弛变量表
Tab 3　Results of DEA slack variables of Xicheng district,1998～2006

	年份	1998	1999	2000	2001	2002	2003	2004	2005	2006
	I_1	0	0	0	0	0	0	0	0	14 632.5
S^-	I_2	0	0	0	0	82 891.84	95 053.56	0	0	37 556.16
	I_3	0	0	0	0	0	0	0	0	0
	O_1	0	0	0	0	23 275.82	40 045.14	0	0	0
	O_2	0	0	0	0	0	0	0	0	149 526.2
	O_3	0	0	0	0	0	454.717	0	0	706.51
S^+	O_4	0	0	0	0	0	948.189	0	0	0
	O_5	0	0	0	0	6.4	0	0	0	22.05
	O_6	0	0	0	0	0.73	1.787	0	0	5.251

2000 年的《北京市加快城市危旧房改造实施办法(试行)》,以及 2001 年扩大危改试点范围等政策带动下各项投入的增加过于迅猛,投资支出存在一定的盲目性,并没有达到资源的合理利用。这是造成 2002 年、2003 年绩效弱有效的重要原因。从表 4 中可以看出,2002 年旧城景观的实际值与目标值存在很大的差距,拆迁还建竣工房屋面积没有达到目标值,《实施办法》并没有得到很好的落实和执行。2002 年《关于做好危旧房改造工作的意见》规定危改工作目标为到 2005 年基本完成城八区现有 303×10^4 m² 严重损坏和危险房屋的改造任务。从 DEA 分析结果中可以发现,此后的 2003 年和 2006 年均未达到 DEA 有效。特别是由于 2005 年改造任务并未完成,因而 2005 年扩大投入超出了最优投资额,投资规模递减,而同时也并没有达到计划的改变旧城风貌的目标。因而,旧城改造政策的制定和资源的投入要考

虑到城市发展的规律，不能盲目地扩大投资。

表 4 2002 年、2003 年、2006 年西城区 DEA 分析输入—输出松弛变量表

Tab 4 Analysis of DEA slack variables of Xicheng district，in 2002，2003，2006

	2002 年		2003 年		2006 年	
	相对有效性＝0.632		相对有效性＝0.837		相对有效性＝0.808	
	原始值	目标值	原始值	目标值	原始值	目标值
I_1	56 693	35 821.68	40 975	34 282.28	91 685	59 415.2
I_2	398 831	169 111	454 155	284 921.3	658 056	493 910.7
I_3	37 875	23 931.46	35 704	29 872.23	47 034	37 986.14
O_1	39 168	62 443.82	51 144	91 189.14	147 046	147 046
O_2	792 457	792 457	797 000	797 000	666 000	815 526.2
O_3	1 627	1 627	1 489	1 943.717	1 672	2 378.51
O_4	12 916	12 916	14 539	15 487.19	21 570	21 570
O_5	6.905	13.305	21.982	21.982	23.217	45.268
O_6	26.1	26.83	26.43	28.217	25.74	30.991

通过对投入产出的弹性分析可以发现各项投入对旧城区经济发展的弹性较大，特别是固定资产投资中的更新改造投资额和区财政支出中的基本建设支出对人均国内生产总值的变化影响显著。各项投入对社会发展的弹性系数较小，特别是对常住人口、居民人均可支配收入的影响非常微弱。社会空间结构的变化是非常复杂和缓慢的过程，因而外部经济投入刺激对稳定的社会空间结构的影响微弱。由于北京市房价居高不下，大部分拆迁户在得到房屋补偿款后仍不具备购买普通商品房的能力，因而更新投入的增加对家庭年人均购房与建房支出的带动效果不显著。更新改造投资和区财政支出有力地支持了拆迁房屋竣工，从而旧城景观变化对投入变量的响应十分显著。另一方面，旧城改造对绿化覆盖变化的影响十分微弱。在危改项目建设中，市政府规定工程绿化率不低于 20%，在保证工程绿化率的基础上，开发商并不会刻意缩减比例，但会更多地关注经济效益。

4 结论与建议

本文对 20 世纪 80 年代以来北京市旧城改造的进程进行了梳理和分析，发现相关政策经历了由计划经济向市场经济、由政府包办向房地产企业带动转变的逐渐市场化和规范化过程，并逐步将旧城改造与历史文化保护结合起来。法制的成熟、政府的资金投入和大力推动、开发商积极性的调动、土地利用方式向集约化方向发展，都促成了旧城改造的规模化，带动旧城经济发展、社会民居、景观环境的良性发展，从而带动旧城区的全面发展。选取具有代表性的西城区为研究对象，运用数据包络分析的方法，对 1997～2006 年的北京市旧城改造的投入产出绩效做了时间序列的研究，得出如下结论。

（1）总体来看，北京市西城区旧城改造是卓有成效的，固定资产和财政支出的投入对经济、社会和环境的改观达到了较好的效果。

（2）从北京市西城区近 10 年来旧城改造的绩效评价结果来看，DEA 有效的年份占 2/3，弱有效的年份占 1/3。北京旧城改造各项法规的落实和各种经济投入有效地推动了北京市西城区旧城区经济的发展和旧城风貌的改变。

(3)从 DEA 分析结果中可以发现,2002 年、2003 年和 2006 年均未达到 DEA 有效。特别是由于 2005 年改造任务并未完成,因而 2005 年扩大投入超出了最优投资额,投资规模递减,并没有达到计划的改变旧城风貌的目标,造成 2006 年未达到 DEA 有效。

(4)2001 年,在北京市扩大危改试点范围等政策带动下,各项投入的增加过于迅猛,投资支出存在一定的盲目性,并没有达到资源的合理利用,这是造成 2002 年、2003 年绩效弱有效的重要原因。因此,旧城改造政策的制定和资源的投入要考虑到城市发展的规律,不能盲目地扩大投资。

基于本文研究成果,笔者认为有必要根据城市发展的规律制定旧城改造的政策并开展各种投入,建立 DEA 城市更新绩效动态评价模型对城市更新绩效进行动态评价,对其过程做到实时监控,从而做到资源合理利用,保证更新绩效的最优;根据绩效评估得到对政策落实效果的反馈,从而指导后期的政策制定和投资控制。在调动开发商积极性的同时,注意旧城历史文化氛围的保护,对容积率、建筑高度进行严格的控制,采用奖励和惩处两种措施达到各方利益均衡的目标。另外,要加强基础设施的完善和风貌景观的修缮,包括交通道路、绿化等建设,为旧城居民创建良好的生活环境;尤其在拆迁补偿和回迁政策的制定中,要充分保障原住居民的住房利益,改善其生活居住水平,维持旧城中心区的社会空间结构。在对旧城中心区的城市更新过程中,在维持旧城风貌的基础上,应注重中心区社会空间结构的变化和经济发展的特征,实现旧城区的土地利用价值的优化。

参考文献

[1] 阳建强,吴明伟. 现代城市更新[M]. 南京:东南大学出版社,1999:5~6.
[2] Grace K L Lee, Edwin H W Chan. The analytic hierarchy process (AHP) approach for assessment of urban renewal proposals[J]. Social Indicators Rearch,2007,12:5~11.
[3] 魏科. 1990~2004:北京两次大规模危改[J]. 北京规划建设,2005,6:71~76.
[4] Ulrike Sailer-Fliege. Characteristics of post-socialist urban transformation in East Central Europe[J]. GeoJournal,1999,49(1):7~16.
[5] Manfred Kühn, Heike Liebmann. Strategies for urban regeneration—the transformation of cities in northern england and eastern Germany[M]// Lentz S. German annual of spatial research and policy、restructing eastern germany. Berlin:Springer,2007:123~138.
[6] Ben Vermeijden. Dutch urban renewal, transformation of the policy discourse 1960~2000[J]. Journal of Housing and the Built Environment,2001,(16):203~232.
[7] Willem K. Korthals Altes. The capacity of local government and continuing the decentralized urban regeneration policies in the Netherlands [J]. Journal of Housing and the Built Environment,2005,(20):287~299.
[8] Janice Bowie, Mark Farfel, Heather Moran. Community experiences and perceptions related to demolition and gut rehabilitation of houses for urban redevelopment[J]. Journal of Urban Health,2005,(82):532~542.
[9] Oleg Golubchikov, Anna Badyina. The urban mosaic of post-socialism Europe[M]. Heidelberg:Physica-Verlag,2006.
[10] Anne Rogers, Peter Huxley, Sherrill Evans, et al. More than jobs and houses: mental health, quality of life and the perception of locality in an area undergoing urban regeneration[J]. Social Psychiatry and

Psychiatric Epidemiology，2008，（2）：11～15.

[11] Peter Huxley，Sherrill Evans，Leese M, et al. Urban regeneration and mental health[J]. Social Psychiatry and Psychiatric Epidemiology，2004，39(4)：280～285.

[12] 耿慧志. 论我国城市中心区更新的动力机制[J]. 城市规划汇刊，1999，（3）：27～31.

[13] 张其邦，马武定. 空间—时间—度：城市更新的基本问题研究[J]. 城市发展研究，2006，（4）：46～52.

[14] 陈哲，张小林. 南京市旧城改造中的土地利用对策探讨[J]. 安徽农业科学，2007，（11）：16～18.

[15] 郭湘闽. 论土地发展权视角下旧城保护与复兴规划——以北京为例[J]. 城市规划，2007，（12）：66～72.

[16] 汪洋，廖欣，党建强，等. 旧城更新中房地产开发模式的比较研究[J]. 建筑经济，2007，（12）：69～71.

[17] 杨开丽. 论建立城市更新的有效机制[D]. 山东大学，2007.

[18] Landy F J，Farr J. Performance rating[J]. Psychological Bulletin，1980，（87）：72～107.

[19] 陈捷. 绩效评估研究的新进展[J]. 南京师范大学学报(社科版)，1997，（3）：81～85.

[20] Noah Douglass C. Institutions Change and Economic Performance. Cambridge：Cambridge University Press，1990.

[21] Qu Zhongqiong，Pu Lijie. Study on evaluating indicator system of urban land supply system performance [J]. China Land Science，2006，20(2)：45～49.

[22] 郝家友. 绩效定量考核指标的选择方法[J]. 人类工效学，1999，5(2)：36～38.

[23] 朱庆华. 中国制造企业绿色供应链管理实践类型及绩效实证研究[J]. 数理统计与管理，2006，25(4)：392～399.

[24] 梅国平. 基于复相关系数法的公司绩效评价实证研究[J]. 管理世界，2004，（1）：145～148.

[25] 茆英娥. 地方财政应用科技项目专项支出绩效评价指标体系探析[J]. 财政研究，2006，（7）：67～70.

[26] 黄士正. 北京旧城的功能区建设评价[J]. 城市问题，2007，（11）：29～34.

[27] 周滔，杨庆媛，谭净，等. 特大城市副中心区域城市土地利用综合效益演化研究——以重庆市江北区为例[J]. 西南师范大学学报(自然科学版)，2004，29(4)：686～690.

The Performance Evaluation of Urban Renewal Based on DEA Method：Example in Xicheng District，Beijing

Wenxin Zhang [1]，Yan Li [2]，Meng Wang [1]，Cenhui He [1]

1. School of Geography，Beijing Normal University，Beijing，100875

2. Urban Planning and Design Institute，Peking University，Shenzhen，518055

Abstract：During the process of the urban renewal in China，performance evaluation of it is a project that is worthy focusing. It relates to proper usage of resource，power of the government and the measurement of the changing of city spatial construction. In this paper，we trace the changing process from planned economic policy to market economic policy and from government-leading to real estate motivating policy of urban renewal in Beijing since 1980s. We choose to use the DEA method to synthetically evaluate the performance of urban renewal in the latest decade. And we will take the Xicheng district as an example. On the whole，while the economic motivation and changing scene of the downtown owing to all kinds of input are noticeable，there is less effect to the spatial construction and environment. The policies of Beijing urban renewal and the economic input promote the implementation of urban renewal have little effect on social space structure and virescence.

Keywords：urban renewal，performance，data envelopment analysis，old town，Beijing

人文地理学短途实习与区域人文地理特征提取的探索

——以北京城区零售业与人口空间分布相关性的经验主义调查为例

周尚意，苑伟超

北京师范大学地理与遥感科学学院，北京 100875

摘要：人文地理学是一门以人文现象为研究主体的学科，它侧重于研究人类活动的空间结构及其地域活动的规律性，基于野外调查的经验数据进行人文地理学空间现象的分析是地理学本科训练的一个基本环节。本文以"人文地理学"短途野外实习项目之一——北京城区零售业与人口空间分布相关性的经验主义调查为例，阐述了一种人文地理短途实习的方法，这种方法指导学生对北京城区交通线两侧的人文事项进行感受和野外观测，并将不同时期的信息清晰地提取出来，从而使学生对这座国际大都市的人文空间结构有一个感性的认识。

关键词：人文地理学；特征提取；零售业；人口分布；经验主义

1 短途野外实习的目的与内容

1.1 短途野外实习的目的

人文地理学是一门以人文现象为研究主体的学科，它侧重于人类活动的空间结构及其地域活动的规律性，注重区域和空间这一研究主线，旨在揭示人地关系的相互作用和变化规律。人文地理的主要特点的区域性即唯一性，这种唯一性使人们要了解一个区域的人文地理特征，就必须要做深入的实地调查。因为任何书本都不可能实时地、准确地反映区域性。本调查涉及的北京零售业的空间分布数据是目前统计年鉴中无法获得的，且从网络电子地图资源也无法获得的，因此必须通过野外实习来获得。

"人文地理学"短途野外实习的目的之一是：让学生对北京城区内部、尤其是环线两侧的人文事项的分布有一个切身的感受，并通过老师的讲解，将不同时期的信息清晰地提取出来，从而对这座国际大都市的人文空间结构有感性认识。

"人文地理学"短途野外实习的目的之二是：让学生们锻炼野外观测人文地理学事项分布的能力。对于二年级的学生，人文地理学课程作为第一门人文地理学的入门课程，需要在课程进行中使学生迅速建立起野外观察的基本能力。首先，学会分辨哪些是野外观察的对象，以及它们与二手的地图资料和二手的统计资料的区别。其次，学会挖掘野外观察对象与城市空间结构之间的关系。再次，学会野外观察记录的基本方法，例如将观察地区分段分区、将观察对象分类、将观察对象的记录信息分解等。最后，学会使用基本信息记录方法，如手填记录表，学会使用现代信息记录手段记录野外信息，如摄影和录像。

1.2 短途野外实习的内容

1.2.1 与城市地理学教学内容的呼应

本次人文地理学野外实习分为若干个小组，本小组的实习内容是"北京城区零售业与人

作者简介：周尚意（1960— ），女，教授，理学博士，主要研究领域为城市地理、文化地理与区域地理。

口空间分布相关性的经验主义研究",该内容与人文地理学课程中的人口地理学和城市地理学均有关,但更主要涉及的是城市地理学。城市地理学的内容主要包括城市职能分类、城市规模分布、城市空间分布体系等。本短途实习主要涉及城市内部空间结构部分(简称城市空间结构)。不同的城市其空间结构也不相同,因此仅以书本上的知识无法了解一个城市具体的空间结构特征,实地了解城市空间结构就成为必然。本野外实习的目的就是了解北京的城市空间结构。本次人文地理学野外短途实习即是一个印证性的野外实习,同时也是探究性的野外实习。所谓探究性野外实习是要解决一个尚未有结论的科学问题。在本实习中我们要探究的是:在市场发展有一段时期的北京城区,其零售业的分布与人口的分布是否一致。如果一致,那么表明影响零售业分布的主要因素就是常住人口,而非交通便捷度或流动人口密度。

1. 2. 2　与研究方法论的呼应(methodology)

人文地理学的研究方法(approaches)分为两个层次:第一层次是哲学方法论(methodologies)。本野外实习使用的研究方法论是经验主义方法论。所谓经验主义方法论是指通过调查,搜集各地区的基础资料,进行整理、归纳,采用地理学的研究思路进行表述,进而解释各地区差异,揭示地理要素之间的相互关系的一种方法论[1]。通过将野外搜集的资料进行概括的归纳,从而分析出北京城区零售业的空间分布特点。第二层次是人文地理学的技术方法(methods),如野外搜集数据方法、野外数据处理方法[2]。本野外实习使用的是景观观察记录法、人文地理学空间统计分析方法(如线性回归、洛仑兹曲线、基尼系数等),同时还进行了基于 ArcGIS 软件的空间分析。

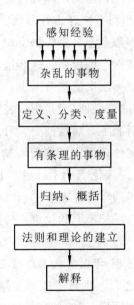

图 1　经验主义研究的框架[3]

Fig. 1　The steps of empirical research

首先,我们根据对现实世界经验的感知和大量文献的阅读,初步认为,城市内零售业的分布一定与人口的分布存在某种正相关关系,即使存在其他影响零售业的因素,例如交通便利程度,它们也均处于次要地位。如果我们在观察北京城区人口与零售业的分布关系时,是沿着主要交通环线开展调查，那么就意味着在环线两侧的零售业具有大致同样的交通便利度，从而更突显零售业分布与人口分布的关系。由以上的感知经验进一步思考，我们可构建出许多与该命题有关的但却略显杂乱的一系列地理事物，例如各种或大或小的超市、便利店、小商店、人口密集的居民区、常住人口稀疏的商业区等。

其次，在此基础上，我们试图将以上杂乱无章的地理事物进行定义、分类，并确定度量方法，以便在野外实习观察中进行识别、分类记录，在其后的实习报告中进行定量计算和分析。商务部于 2004 年 8 月 9 日下发了《关于贯彻实施〈零售业态分类〉国家标准的通知》，通知中明确，由国家质量监督检验检疫总局、国家标准化管理委员会联合颁布新国家标准《零售业态分类》[4]，新标准已于 2004 年 10 月 1 日起实施。该标准将有店铺的零售业态按照"选址、商圈与目标顾客、规模、商品(经营)结构、商品售卖方式、服务功能和管理信息系统"7个基本特点分为 12 类，分别是：杂食店、便利店、折扣店、超市、大型超市、仓储式会员店、百货店、专业店、专卖店、家居建材商店、购物中心和厂家直销中心。考虑到该分类标准的分类指标并非都与人口密度有关联，分类结果也不在感知经验考虑到的范围之内，同时也为了野外观察、识别和记录方便，以及避免后续计算过于烦琐，我们将以上 12 类零售业整合、总结并分级如下。

一级：全球/全国大型连锁超市、仓储超市，例如，家乐福、沃尔玛、家世界、华联、百盛。指采取自选销售方式，以销售大众化实用品为主，满足顾客一次性购足需求的超市。

二级：中型零售业态，例如，物美、美廉美、京客隆。指采取自选销售方式，以销售食品、生鲜食品、副食品和生活用品为主，是满足顾客每日需求的超市。

三级：便利店，例如，24 小时便利、快客、好邻居、eleven sup、Hi-邻居、Hi-24。是以满足消费者便利性需求为目的的零售业态，主要提供便利商品、便利服务。按照便利店的标准，便利店的价格水准要高于零售业态的价格。顾客追求便利的时候，追求的亦是商品的功能，而不是价格，所以这是一个更高层次的消费需求。

四级：小商店(具有超市功能的非连锁商店)；指以经营某一大类商品为主，并且备有丰富专业知识的销售人员和适当的售后服务，满足消费者对某大类商品的选择需求的商店。

至于数据度量，我们采用了德国地理学家克里斯塔勒在其重要著作《德国南部中心地原理》中提出的中心地理论。根据中心地理论 $K=3$ 原则，上一级的商业中心包括三个次一级的商业中心的范围，我们认为上一级的零售业态影响程度是次一级零售业态的三倍。在数据过程分析中，对不同级别的零售业态赋予不同的权重，分别如下。

一级零售业：27；二级零售业：9；三级零售业：3；四级零售业：1。

至于人口密度度量，我们采用 2000 年第五次人口普查的北京街道人口数据进行计算。

在定义、分类、度量工作结束之后，我们通过人文地理短途野外实习的实地观测和记录，获得了有条理的城市零售业分布数据。

然后，我们进入归纳和概括阶段，即应用线性回归、洛仑兹曲线等数学方法对北京环线两侧的零售业和人口密度进行了相关性分析，并归纳和概括了北京环线两侧零售业的分布格局和分布规律，建立了城区零售业与人口空间分布规律的法则，进一步印证了感知的经验和理论。

最后，我们用人文地理学和城市地理学的相关理论对该现象进行了分析和解释。

2　短途野外实习的数据搜集和处理过程

2.1　研究区域(research area)

本研究区域为北京四环以内,四环以内地区属于北京中心城区的核心。不同等级的零售业网点都要以一定的门槛人口为支撑。因此,当一个地区的人口达到稳定后,它所能支撑一个赢利的零售业网点等级就确定了。按照以往的研究,当人口分布进入一个新的地区后,小型零售业会立即跟进,大型商业网点要有 2~3 年的滞后期再跟进[5]。我们所研究的这个区域已经满足零售业稳定分布的条件。此外,北京二环建成时间为 1992 年;三环建成时间为 1994 年;四环建成时间为 2001 年。三个环线的建成时间距调查年份都超过 3 年,因此它们对零售业分布的影响也达到了稳定期。

此外,该区域还具有典型性,环线交通网是北京城市交通的基本骨架,同时也是北京城市景观分布最具代表性的地域。零售业在区位选择上以交通通达性为首要考虑因素,在空间布局上多以"点状"或"线状"类型为主[6]。北京环线附近无疑是交通通达性最高、商业区位最具优势的区域,因此,环线可以凭借其便利的交通优势将与该地区人口密度相适宜的零售业吸引到环路两侧,使零售业景观在这里分布和聚集。

2.2　数据搜集表(data collection)

我们采取的数据记录方法是提前设计和制作记录表,边观察边记录。表 1 为数据记录表的部分栏目。

表 1　数据搜集表(部分)

Tab. 1　Part of survey data

路段编号或路段名	超市名称	超市级别	备注
新外大街(北太平桥—北京师范大学)	小商店 2	四	东侧
	超市发	三	东侧
2001	小商店 2	四	东侧
	好邻居	三	西侧
	美客佳	三	西侧
	好邻居	三	西侧
2002	小商店 2	四	南侧
	物美	二	南侧
2004	便利店(加油站)	四	北侧
2005	快客	三	北侧
2009	快客	三	北侧
	小商店 3	四	北侧
	物美	二	北侧

注:由于篇幅限制,这里只呈现调查表的一小部分。

2.3 数据处理(data analysis)

我们将 2000 年第五次人口普查的北京市中心城区街道人口数据添加到北京区、县、乡镇界矢量图上，由于野外调查线路是四环以内的道路，因此只选取东城、西城、宣武(现已并入西城区)、崇文(现已并入东城区)、朝阳、海淀、丰台共七个区的统计数据，根据街道人口数和街道面积计算人口密度，并生成北京市城区人口密度图(图2)。

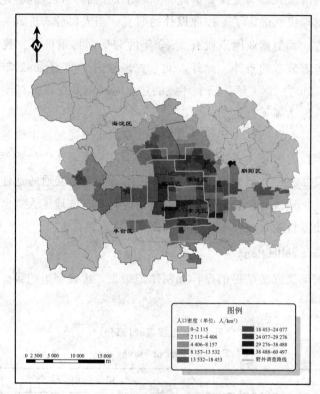

图 2　北京市城区人口密度图

Fig. 2　The population density of Central Beijing

我们在 ArcGIS 中沿着北京路网数字化本次野外调查线路，将野外调查的零售业数据体现在调查路线两侧，并生成北京中心城区环线超市分布图(图3)。

之后将路线图与人口密度图叠加，求算每条路段的长度及该路段所在区域的人口密度。由于此步骤后，各个路段涉及的人口密度数值过多，故采用 K－均值的聚类方法将各个线段的人口密度数据聚成 10 类，最终的人口密度数据取其类中心，10 类人口密度的聚类中心见表 2 第一行。然后我们分别求出每个人口密度路段对应的零售业影响力强度，人口聚类分布分段见图4。

我们在完成聚类后，得到不同的组，每组包含若干或连续或分离的路段，我们将属于同一组的所有路段两侧零售业按照本文第一部分所设的四级零售业影响力权重来赋权，然后将每段所有零售业的影响力之值相加，再将加和值除以路段长度之和，从而得到该组单位路段的零售业影响力强度(见表 2 第二行)。其中，人口密度为 24 901 人/km² 的一组所对应的道路长度极短，且无零售业分布，因此，在下面的线性回归中将其剔除。

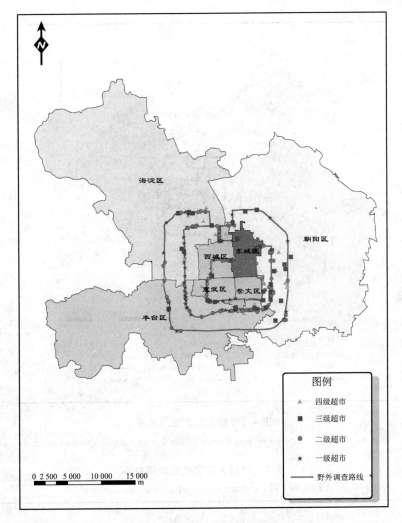

图 3 北京市环线超市分布图

Fig. 3 The distribution of shops along three ring roads

在本次野外调查中，虽然只统计了环路沿线的零售业，但是环线附近、未在可视域范围内的零售业也对该路段的零售业密度有所贡献，因此，在数据处理时，我们借助网络数据对野外调查数据进行了补充和修正。人文地理学是研究地球表面各种人文要素的相互关系及其地域差异和地域结合规律的科学，一般来说，人文地理要素之间的相互作用随着它们之间距离的增加而逐步减弱，这就是距离衰减原理（distance decay）。

为了保持野外观察数据的优势地位，同时保守地估计各类零售业的服务范围，规定如下：一级零售业态的辐射半径为 900 m，二级零售业态的辐射半径为 300 m，三级零售业态的辐射半径为 100 m，四级零售业态由于网络数据不全，且权重较小，不进行修正。

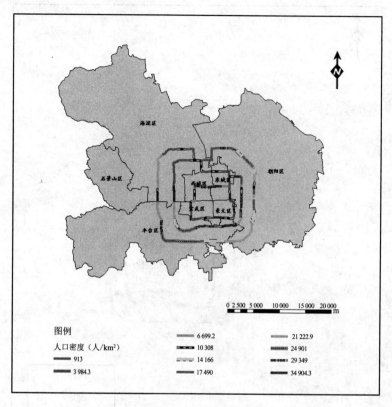

图4　环线人口密度分段图

Fig. 4　The distribution of population linear density along three ring roads

表2　10类人口密度的聚类中心

Tab. 2　The cluster center of population density

分组序列号	1	2	3	4	5	6	7	8	9	10
人口密度 /(人·km^{-2})	913	3 984.3	6 699.2	10 308	14 166	17 490	21 222.9	24 901	29 349	34 904.3
单位路长上零售业影响力强度/(强度·km^{-1})	0.340	0.839	0.949	2.156	2.160	2.834	3.515	0.000	3.682	4.753

　　根据式(1)在 Excel 中计算零售业网点影响力线强度,第 i 个人口密度聚类的第 j 个零售业网点超市加权值见式(2)。

$$\rho_i = \frac{\sum_{j=1}^{q_j}\omega_{ij}(\eta,\theta)}{l_i} \tag{1}$$

$$\omega_{ij}(\eta,\theta) = 3^{(4-\theta)} - 0.03 \times \eta \tag{2}$$

　　式中:ρ_i 为第 i 个人口密度聚类的零售业网点影响力线强度,q_j 为第 j 个人口密度聚类的零售业网点个数,ω_{ij} 为第 i 个人口密度聚类的第 j 个零售业网点的超市加权值,η 和 θ 分别代表其与研究道路的垂直距离和零售业网点等级。

　　进一步分析发现,部分路段零售业密度与人口密度相关性不大的原因是:不同路段所在的地理区位不同、偏好于分布于此的零售业等级不同。拿中关村路段为例，该路段所在区域常住人口密度小，且分布有较多的满足大宗购物需求的一级超市，但方便日常生活的便利店和小商店则较少。因此，接下来，我们按照超市等级计算不同路段的零售业密度，再查看其与该地区人口密度的相关程度。统计结果如表3所示。

表3　人口密度与零售业影响力线强度的相关系数

Tab. 3　The correlation of the population density and retailing density

一级零售业	二级零售业	三级零售业	四级零售业
−0.76	0.78	0.30	0.61

由计算结果，一级零售业密度与人口密度呈现出较大的负相关关系，二级和四级零售业密度与人口密度相关性显著，三级零售业密度与人口密度弱相关。

我们从不同级别零售业的职能方面来理解这一现象。一级零售业多分布在市/区商业中心、城郊结合部、交通要道等地，它的主要目标顾客是中小零售店、餐饮店、集团购买和流动人群，满足人们批发、一次性购齐的需求，这样的销售点往往需要较大的规模，甚至需要一定规模的停车场等配套设施，占地面积较大，一般不会分布在居住区密集、地价较高的地域；二级零售业和四级零售业密度与人口密度相关性较强，二级零售业常设在市区商业中心和居住区，目标顾客以居民为主，经营包装食品、生鲜食品和日用品等。四级零售业往往位于居民区内或传统商业区内，目标顾客以相对固定的居民为主，经营范围多为烟、酒、茶和休闲食品。因此，受到其固有职能的约束，二级和四级零售业密度与人口密度相关性显著；三级零售业多为连锁型便利店，主要位于商业中心区、交通要道，以及车站、医院、学校等公共活动区，目标顾客多为追求便利的、有目的购买的年轻人，其经营的商品具有即时消费性、小容量、应急性等特点，具有这种消费需求的人们常常出现在流动人口较密的地域，而不是常住人口较多的居住区。

3　结论与讨论

3.1　空间叠加分析结果

根据表2数据，我们将人口密度与零售业影响力的线强度进行线性回归，回归结果见图5和式(3)。

$$y = 1.16 \times 10^{-7} x + 0.000\,619 \tag{3}$$

本方程决定系数为 $R^2 = 0.73$，相关系数为 $R = 0.854$，且此回归方程显著。该计算结果表明：在北京中心城区，零售业与常住人口的空间分布基本匹配。也就是说，在市场机制下，零售业的分布已经趋于稳定的状态。

我们又以洛伦兹曲线刻画零售业影响力与人口密度的分布关系(图6)，并计算出基尼系数为 $G = 0.113\,6$。这也表明在本研究区域内，零售业影响力与人口密度的分布较为一致。

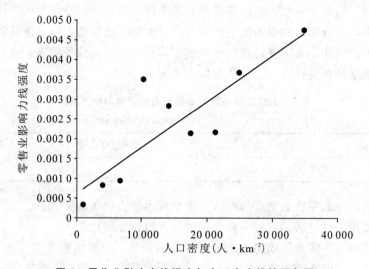

图 5　零售业影响力线强度与人口密度线性回归图

Fig. 5　The linear regression between supermarket density and population density

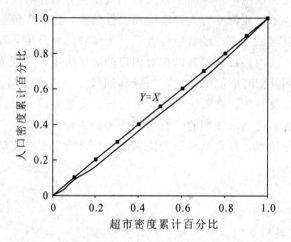

图 6　零售业影响力线强度与人口密度洛伦兹曲线

Fig. 6　The lorentz curve of supermarket density and population density

3.2　讨论

基于野外调查的经验数据进行人文地理学空间现象的分析,是地理学本科训练的一个基本环节。20 世纪 80 年代欧美大学地理教学就已经开始项目指向式野外实习(project-orientated fieldwork)[7],也有称为问题指向式野外实习(problems orientated field work)。本次实习就属于这种。项目指向式野外实习激发了学生的学习积极性和主动性。同时也促进教师针对新的问题,探索新的人文地理学分析方法。在本研究中,教师与学生一起探索了线密度与面密度的空间相关性。因此是一次教学相长的探索。由于人口分布是面状的,零售业也是面状的,因此我们后续还需要将这两个方面的面状数据制图,然后分析面状数据支撑下,人口的分布与零售业分布的关系。

参考文献

[1] 王恩涌，赵荣，张小林，等．人文地理学[M]．北京：高等教育出版社，2000：14.

[2] 周尚意．人文地理学野外方法[M]．北京：高等教育出版社，2010.

[3] Harvey D. Explanation in Geography[M]. London：Edward Arnold，1969：34.

[4] 中华人民共和国国字质量监督检验检疫总局，中国国字标准化管理委员会．零售业态分类（GB/T 18106－2004)[S].

[5] 周尚意，李新，董蓬勃．北京郊区化进程中人口分布与大中型商场布局的互动[J]．经济地理，2003，23(3)：331～337.

[6] 张文忠，李业锦．北京市商业布局的新特征和趋势[J]．商业研究，2005，8：170～172.

[7] Kent M，Davis D，Gilbertson D D，et al. Fieldwork in geography teaching：a criticalreview of the literature and approaches[J]. Journal of Geography in Higher Education，1997，21(3)：313～332.

The Human Geography Field Survey and the Extraction of Human Geographical Character: A Case Study of the Empirical Research on the Correlation Between Retailings and the Population Distribution in Beijing

Shangyi Zhou，Weichao Yuan

School of Geography，Beijing Normal University，Beijing 100875

Abstract：Human geography is the subject whose principal part is the study of human phenomenon，and is the subject who put particular emphasis on the law of the space structure and the scope of human activities，the analysis of space phenomenon on human geography based on the empirical data obtained from field survey is the essential process of the undergraduate education. The article is based on one of the field survey on Human Geography-empirical survey of the correlation between retail business and the distribution of population in Beijing，it introduces an approach of short distance field survey on Human Geography，which guides the students to experience，observe，and clearly pick up the information in chronological sequence，thus provide the students some kind of perceptual knowledge of the human space in Beijing-the international metropolis.

Keywords：human geography，character extraction，empiricism

关于重点实验室培养高素质本科生的探索[*]

关于重点实验室培养高素质本科生的探索 [*]

孙　睿

北京师范大学地理学与遥感科学学院，北京　100875

摘要：本文主要介绍了环境遥感与数字城市北京市重点实验室在本科生能力培养方面的经验，认为让本科生接触和参与研究工作，有助于激发本科生的创新潜能。同时，实验室充足的课题资源及先进的仪器设备，有助于学生将大学中所学的知识应用在实践中，理论与实践相结合，培养和提高动手能力。

关键词：重点实验室；本科生培养

环境遥感与数字城市北京市重点实验室依托北京师范大学地理学与遥感科学学院，在原遥感与地理信息系统研究中心的基础上，于 2002 年批建。重点实验室总体定位为围绕北京市社会经济发展所面临的生态、环境、资源和城市发展等问题，以遥感作为重要的信息获取手段，以城市空间信息数字化为基础，研究北京地区所面临的可持续发展课题，提供解决相关所需要的数字化集成信息，提出管理对策与措施，为北京市的经济发展提供强有力的技术和数据支撑。

重点实验室在建设以来，受到了学校及北京市教委的大力支持，配备有先进的遥感仪器及其他仪器设备。实验室承担了大量的国家和省部级的科研项目，在完成研究任务的同时始终把人才培养，包括本科生的培养，作为重要的工作和义不容辞的责任。实验室所在的遥感与 GIS 研究中心已形成从本科、硕士到博士的完整的遥感与地理信息系统教育体系。

北京师范大学本科生生源好，起点高，基础扎实，让本科生接触和参与研究工作，有助于激发本科生的创新潜能。同时，实验室充足的课题资源及先进的仪器设备，有助于学生将大学中所学的知识应用在实践中，理论与实践相结合，培养和提高动手能力。近几年环境遥感与数字城市北京市重点实验室在本科生能力方面的培养工作，主要体现在以下几个方面。

1　充分利用已有科研成果

重点实验室的固定研究人员，包括教授和副教授，在完成科研工作任务的同时，积极参与本科教学。在授课中教师根据各自的科研经验，将学科发展的前沿方向及最新科研成果与课程基本理论相联系，使学生认识掌握扎实基础理论的重要性。如孙睿教授在"资源与环境遥感"课程中，引入遥感在植被生产力估算中的最新研究成果，使学生了解遥感在全球变化，特别是碳循环研究中的重要性并掌握相关研究方法。这样通过与科研实例的结合，加深了学生对基本概念的理解，有利于学生将学到的基本概念和知识应用到今后的科研中。

　　* 本文受国家基础科学人才培养基金项目（NFFTBS—J0630532）资助。

　　作者简介：孙睿（1970—　），博士，教授。主要从事植被生产力与生物量遥感、地表蒸散发及水热通量等的遥感应用研究。sunrui@bnu.edu.cn。

重点实验室老师还积极主编或参编本科生使用的教材，如多位老师参编了李小文院士主编的普通高等教育"十一五"国家级规划教材《遥感原理与应用》[1]（科学出版社，2009年），在该教材中，实验室老师将其科研成果充分融入教材，系统地介绍了遥感科学与技术的基本原理与概念，并详细探讨了遥感各应用领域的研究方法与实践案例。

2 本科生积极参加正在承担的科研项目

2.1 毕业设计的题目来自科研项目

重点实验室承担了大量的科研项目，包括国家"863""973"、国家科技支撑计划、国家自然科学基金、北京市自然科学基金以及国际合作项目等。重点实验室的教师将科研项目中适合做本科毕业设计的部分分离成相对独立的部分，形成毕业设计的题目，使学生通过毕业设计，参与各类科研项目，初步掌握科学研究的步骤，巩固课程学习的基础知识。

如严晓丹同学在北京市自然科学基金重点项目"北京城市绿地对水热 CO_2 通量调节功能的遥感定量研究"观测数据的基础上，选择"公园绿地夜间 CO_2 通量数据处理研究"作为本科毕业论文题目。由于涡度相关法在生态系统 CO_2 通量观测中依然存在许多不确定性和误差，仪器及天气状况等因素造成大量观测数据（尤其是夜间观测数据）的无效或缺失，合理控制数据质量并插补缺失数据，有助于后续生态系统的碳总量及碳收支估算[2]。严晓丹根据导致夜间数据异常的可能原因制定了海淀公园绿地夜间 CO_2 通量数据校正工作流程，采用平均值检验法[3]确定摩擦风速阈值，拟合了 CO_2 通量与气温间呼吸模型，并用此模型对缺失数据进行了插补，最终得到研究时段内无明显异常值的、较为连续的夜间 CO_2 通量数据集。图 1 和图 2 分别为数据处理前后的夜间 CO_2 通量结果。通过毕业设计，严晓丹了解了地表通量观测研究在生态系统过程及全球变化研究中的重要作用，掌握了地表通量的观测方法，为后续的城市绿地释氧固碳功能定量评价工作打下了良好的基础。

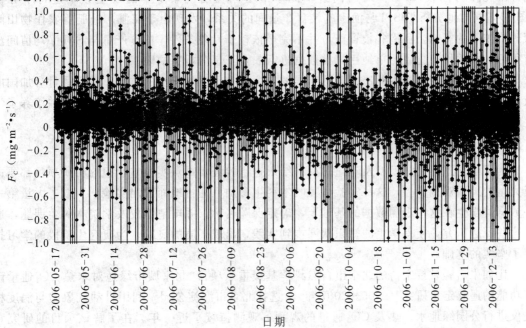

图 1 原始夜间 CO_2 通量数据

Fig. 1 Original CO_2 flux data during night

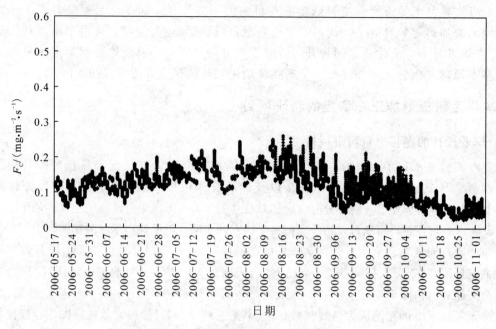

图 2 处理后的夜间 CO_2 通量数据

Fig. 2 Processed CO_2 flux data during night

本科生唐侥在参加国际合作项目——欧盟 FP7 "Coordinated Asia-European long-term observing system of Qinghai—Tibet Plateau hydro-meteorological processes and the Asian-monsoon system with ground satellite image data and numerical simulations"的基础上，选择"河南省干旱时空规律分析"作为毕业设计题目，以河南省为例，通过历史气象观测数据，利用标准化降水指数(SPI)[4]对河南省不同季节不同程度气象干旱的发生频率进行了分析(图3)，同时他分析了 SPI 与河南省粮食产量间的关系，发现由于灌溉、施肥等农作物田间管理措施等的影响，河南省粮食产量并不完全依赖于气象条件，粮食产量与 SPI 平均值间没有很好的相关性，这说明单纯用气象数据进行农业干旱分析有缺陷。

这些研究，使得学生对遥感监测干旱的重要性有了更加切身的体会，并且通过参加国内及国际合作项目，使学生有机会与国内及国际知名的科学家直接进行交流，锻炼并培养了学生的创新能力。

2.2 本科生科研课题来自科研项目

为了建立遥感反演模型及对遥感反演结果进行验证，重点实验室承担的科研项目都要进行大量的地面观测实验，这些实验也吸收本科生参加。通过地面观测实验，获取了大量第一手数据，学生在这些观测数据的基础上，确定课题名称，并申请学校及学院本科生课题，通过这些课题研究，使得学生的知识从课本到实践，出现了质的飞跃，为研究生阶段的学习打下了坚实的基础。

比如朱启疆教授主持的北京市自然科学基金重点项目"北京城市绿地对水热 CO_2 通量调节功能的遥感定量研究"(2005~2007 年)，选择北京市海淀公园，利用自动气象站与涡度相关仪进行公园绿地水、热及 CO_2 通量的观测，观测持续了近一年。在了解该项目的研究背景、研究意义及研究内容后，任华忠、宋闰柳、邱劭龠等同学根据自己所学专业知识，分别选择"基于优化参数 SEBS 模型的北京城区蒸散发估算""海淀公园绿地地表蒸散研究""海淀

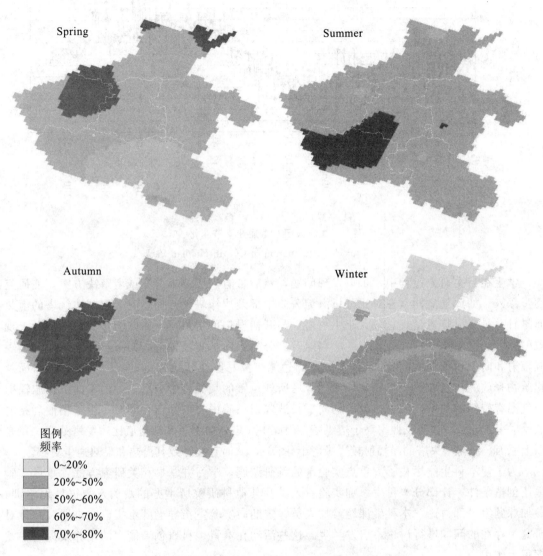

Scale: 1:4 000 000

图3 河南省不同季节干旱发生频率空间分布图

Fig. 3 Drought frequency in different season in Henan Province

公园绿地 CO_2 交换研究"等作为本科生科研课题名称，并确定了研究方案。

李霞在严晓丹同学所做的夜间 CO_2 通量数据处理的基础上，通过对海淀公园绿地2006年5月到2007年3月的 CO_2 通量观测数据进行质量评价与缺失值插补，得到全年完整时段的数据集，并通过与同期温度、太阳辐射等气象数据的相关性分析，定量研究了海淀公园绿地 CO_2 通量的日变化、年变化以及影响因子(图4)。在该项研究的基础上，撰写了学术论文"北京海淀公园绿地二氧化碳通量"[5]，发表在《生态学报》。

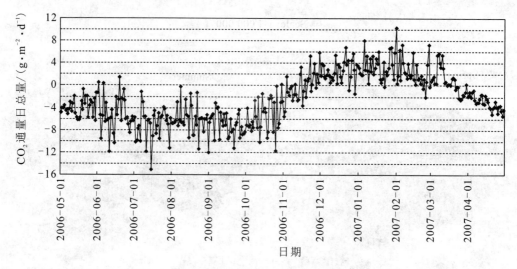

图4　海淀公园CO$_2$通量季节变化

Fig. 4　Flux data fluctuation of CO$_2$ in Haidian Park

　　学生在自主研究过程中，可以发现问题，然后带着问题寻求答案或者解决方案，使研究逐步深入。如邱劲霝同学在对比分析海淀公园中部及边缘塔潜热通量时，发现边缘塔的潜热通量日总量和显热通量日总量大于中央塔，与开初设想的结果不一致。为了分析造成以上现象的原因，又对比了两处观测点的净辐射及其分量：向下短波辐射、向下长波辐射、向上短波辐射和向上长波辐射(图5)。结果发现，边缘塔离马路、建筑物更近，下垫面沥青路面及建筑物释放的热量加热了空气，导致边缘塔所处位置的气温较中央塔高，由于向下长波辐射与气温有密切的关系，使得边缘塔的向下长波辐射高于中央塔的值；同时，由于柏油马路的低反射率，导致中央塔反照率高于边缘塔，因此中央塔处向上短波辐射值比边缘塔处高。正是以上原因，使得中央塔的净辐射较边缘塔小(图6)，从而直接导致其潜热和显热通量更小。

　　为了使本科生能尽快了解重点实验室的科研课题，学习并掌握相关研究方法，重点实验室还创造条件，让部分本科生参加实验室人员及其他科研院所举办的观测及数据处理培训，参加课题组内部讨论。本科生课题参加人员，定期向实验室指导老师汇报研究进展，并针对研究中存在的问题进行讨论，启发学生。这些活动在本科生科研创新能力的培养及提高中发挥很大作用。

3　充分利用重点实验室先进设备仪器

　　实验室是学生学习和掌握知识技能的重要基地，在学生实践能力和创新能力培养方面具有不可替代的作用。本科教学实验室中的仪器设备仅仅能够满足本科学生课程实验之用，满足不了学生进行科研训练的需要；重点实验室的专业设备仪器可为学生的自主学习提供有效的服务和支撑，有助于提高学生实践能力和创新能力。环境遥感与数字城市北京市重点实验室先进的基础遥感实验仪器(如光谱仪、热像仪等)以及气象、生态遥感实验仪器(如涡度相关仪、叶面积指数仪、自动气象站、光合作用仪等)，为本科生动手能力的培养提供了诸多便利条件。在本科生野外实习过程中，重点实验室为地物光谱观测、叶面积指数的测定及GPS定位等提供了相关仪器。部分本科生(包括理科基地班学生)通过参加实验室老师的课题，或者通过在实验室老师的指导下申请学校及学院本科生课题，充分利用实验室现有仪

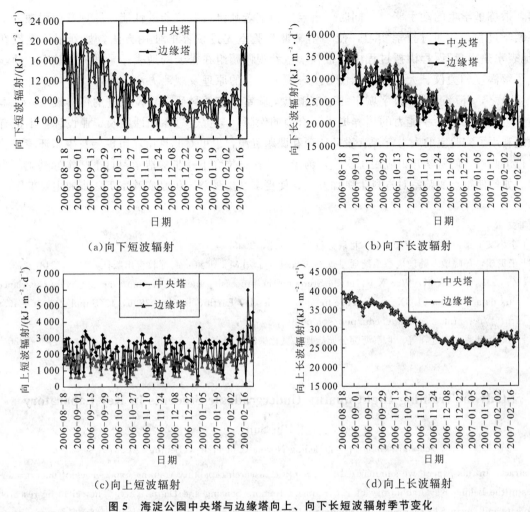

（a）向下短波辐射　　　　　　　　　　（b）向下长波辐射

（c）向上短波辐射　　　　　　　　　　（d）向上长波辐射

图5　海淀公园中央塔与边缘塔向上、向下长短波辐射季节变化

Fig. 5　Seasonal change of upward/downward longwave and shortwave radiation
at central tower and marginal tower in Haidian Park

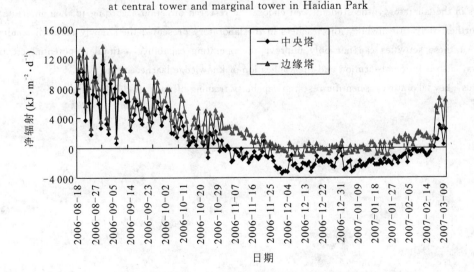

图6　海淀公园中央塔与边缘塔净辐射季节变化

Fig. 6　Seasonal change of net radiation at central tower and marginal tower in Haidian Park

器，锻炼了学生的动手能力。同时，重点实验室老师将实验仪器的性能、原理及使用融入本科教学过程，并通过教学实习，使学生掌握实验室先进仪器的使用方法。如刘绍民教授在"地表水热通量"课程讲授过程中，带领学生参观课题组在密云的地表通量观测实验室，使学生了解涡度相关仪、大孔径闪烁仪等生态观测仪器的原理及观测方法。

总之，环境遥感与数字城市北京市重点实验室众多的科研项目及先进的仪器设备，为本科生创新能力及动手能力的培养提供了有力的保障。学生通过参加课题及毕业设计，不但有效地利用了实验室的人力资源、设备资源和课题资源，也可对北京市城市扩展及生态环境现状进行了监测，使所学知识应用于实践，为走上工作岗位和下一步深造学习打下坚实的基础。当然，如何使重点实验室对本科生更加开放，使更多学生受益，仍是实验室下一步的主要工作。

参考文献

[1] 李小文. 遥感原理与应用[M]. 北京：科学出版社，2008.

[2] 于贵瑞，孙晓敏. 陆地生态系统通量观测的原理与方法[M]. 北京：高等教育出版社，2006，248～273.

[3] Zhu Z L，Sun X M，Wen X F，et al. Study on the processing method of nighttime CO_2 eddy covariance flux data in China FLUX[J]. Science in China Series D：Earth Sciences，2006，49(Suppl. 2)：36～46.

[4] ftp：//ccc. atmos. colostate. edu/pub/spi. pdf.

[5] 李霞，孙睿，李远，等. 北京海淀公园绿地二氧化碳通量研究. 生态学报，2010，30(24)：6715～6725.

Study on Training Hight-quality Undergraduate Students in Key Laboratory

Rui Sun

School of Geography，Beijing Normal University，Beijing   100875

Abstract：In this paper，we summarized the scientific research capability training experiences of undergraduates in the Beijing Key Laboratory of Environment Remote Sensing and Digital City. The scientific research projects and advanced experiment instruments in the laboratory give the undergraduates lots of opportunity to participate the scientific researches and field experiments. Based on these experiments and under the advices of teachers in the laboratory, the students can choose the research direction according to their interests and do some further study. Meanwhile, the teachers in the laboratory presented their newly research results in the class. All these activities can not only improve the operating capability, stimulate potential creativity of students，also help the absorption and the application of knowledge learned in the class.

Keywords：key laboratory, scientific research capability training of undergraduates

现代教育技术与大学创新人才的培养*

黄 宇

北京师范大学地理学与遥感科学学院，北京 100875

摘要： 教育技术发展对高等教育教学模式具有重要的影响，而现代教育技术更能进一步促进高等教育新教学模式的形成。当前，在高等教育变革其教学模式以适应创新人才培养的需要的时代，更需要明晰现代教育技术的应用对高等教育教学模式改革及创新人才培养的意义。本文分析了教育技术、现代教育技术在高等教育和高等教育教学模式变革中的作用，并进一步讨论了现代教育技术与大学创新人才培养的关系。

关键词： 教育技术；高等教育；创新人才培养

当今世界，决定一个国家、一个民族、一个组织竞争力的关键是创新能力，而创新能力、创新人才的培养，关键要靠教育，特别是高等教育，这已是不争的共识。但是，如何才能培养创新人才？这需要对高等教育来一次彻底的、深刻的变革。

那么，在创新人才培养方面的主要症结何在呢？2000 年北京市教委组织专家对 60 所在京高校的课堂教学质量进行了调查，同时对近 2 万名学生进行了问卷调查。专家和学生对当前课堂教学最不满意的就是教学方法陈旧、教学手段落后。研究表明，当学生参与自主性的学习时，他们会比被动地坐在课堂听讲学到更多，且记得更牢。然而，最近一项由美国北卡罗来纳·布里瓦德(Brevard)学院的政策中心进行的研究表明，"大量广泛的讲授……仍然是在教室里最常用的教学技术，尽管只有 21.4% 的学生认为讲授应当是课程教学的合理部分。"因此，传统的教学模式是高等教育创新人才培养的主要阻碍之一，培养创新人才的关键在于能否打破长期以来统治高等学校课堂的传统教学模式[1]。

无可否认，在过去的历史时期，传统的高等学校教育教学模式已经培养了大量的人才。但是，在新的历史时期，它已经在某种意义上成为培养创新人才的阻碍。要培养创新人才，就必须改革传统的大学教学模式。而许多人都认为，教育技术能在这场教育变革中起到重要的推动作用。

1 教育技术的发展与高等教育的关系

众所周知，技术发展与教育发展具有密切联系。从某种意义上说，教育发展史就是一部科学技术的演变史。早在 19 世纪，现代科技对教育的影响就已经初露端倪。也正是从那时起，教育者对于在教学中使用各种新科技手段的热情与日俱增。自"第二次世界大战"后，教育改革中三番五次地把各种新科技新发明引进学校教育，在许多方面——尤其是在教学方面——改变着教育的面貌。无可否认，从目前的趋势来看，在不久的将来，还会有更多的新科技产品应用于教育领域，并对教育产生重大影响。

技术对教育的巨大影响力可以由人们对教育技术的"狂热"得到间接的证明。许多高校花

* 本文受国家基础科学人才培养基金项目(NFFTBS—J0630532)资助。

作者简介：黄宇(1973—)，博士，讲师。北京师范大学"区域地理国家级教学团队成员"，主要从事地理(环境)教育和区域地理研究。huangyu@bnu.edu.cn。

费数以千万计的资金购置昂贵的教学设备；尽管开销不菲，仍然对原有的教室进行大规模改造；建立了并非专为研究而更多是为设备使用、维护和管理的电化教育中心、教育技术中心；还将接受必要的教育技术培训作为教师任职资格的基本条件之一。这种对教育技术的热衷从何而来呢？现象的背后恐怕隐含着人们对教育技术的假设：新的教育技术必然会带来教育教学水平的提高。

教育技术是否真的会带来我们期望的教育变化？简单的历史考察似乎给出了否定的答案。在只依赖粉笔、黑板、书本的时代，技术在教育中的作用是有限的，人们也只将技术视为教育的附属物。而当电化教学媒体出现之后，在很长一段时间里，人们乐观地认为媒体可以替代教师，学习者完全可以依赖某种技术而进行全方位的学习，"电子教师"的时代很快就会到来。但是现实似乎并不是这么一回事。"当世界从'蒸气时代'进入'电气时代'，进而又跨入'信息时代'时，除了一些局部现象外，技术对教育的影响微乎其微。"即便是在当今的学校课堂，粉笔加黑板、教师讲学生听的教学组织形式仍然占据绝对的优势，科技与教育似乎已分道扬镳[2]。从理论上看，教育技术似乎再次沦为教育可有可无的附庸。

教育技术究竟对高等教育起着什么样的作用？从历史上看，近一个世纪的教育技术发展史可分为两个不同的阶段，即媒体技术阶段和系统技术阶段[3]。在媒体技术发展阶段，起初只注重研究视听设备的硬件，后来发展为教学硬件与软件兼顾；在系统技术阶段，扩展到整个教育系统的系统方法研究。从教育技术在高等教育中的应用情况来看，与教育技术发展的两个阶段相对应，高校教育技术亦经历了这样几个阶段。

第一阶段是原始媒体技术阶段。主要只依赖粉笔—黑板—书本这种简单的媒体来实现教育，单一地以教师口授—学生听讲—课后看有限的参考书为教学方式。

第二阶段是传统媒体技术阶段。这个阶段除了使用简单的视觉媒体外，还借助于摄影、幻灯、投影、无线电广播、电视和语言实验室等媒体来实现教育。这个阶段也叫电化教育阶段。

第三阶段是以现代媒体技术阶段。计算机技术、通信技术、多媒体信息网络技术进入大学，为教学提供了全新的手段。在现代媒体技术阶段，数字音像技术、卫星广播、电视技术、计算机多媒体与人工智能技术、互联网络通信技术及虚拟现实仿真技术逐步应用于高等教育领域。

基于不同的媒体技术，教育技术在高等教育中可以分为两种应用模式：广播模式和互动模式[4]。在广播模式中，学习材料是预先准备好的，通过网络或其他方式提供给学习者，学习者可以根据自己的学习步调选用材料。通常纪律性强的个体愿意采取这种学习方式。但是这种方式的开发成本相当高昂。

互动模式与传统课堂模式有相似之处。在这种模式中，学生群是相对固定的，他们在同一天进入学习过程，由一名教师与他们个人分别联系。学生与教师的交流是常规性的、持续性的。当然这种交流主要是通过电子邮件、视频会议等现代技术手段。这种方式的课程开发成本较低，通常只有前一种方式的1/10。

历史的考察表明，教育技术一经出现，确实能够改变教育的样貌。但是教育技术能否真正促进教育的变革，在很大程度上决定于对教育技术的认识和应用模式，即教育技术背后的哲学基础。不是应用于教育的所有技术都是教育技术，而应用教育技术并不会自动提高教育的效果。当把教育技术仅仅视为一种"锦上添花"甚至是"多此一举"的"技术"时，我们恐怕很难脱离那种以为技术只是教师的口、手、眼、耳的延伸的思路，从而将技术发展可能带来的巨大潜力置于不顾；而当我们奉行"技术至上主义"而乐观地将教育技术视为解决教育问题的"万能灵药"时，又会落入另一个困境。因此，应当对教育技术对高等教育教学的作用有一个平衡的认识。

2 现代教育技术与新的高等教育教学模式

教育技术作为一门学问的历史并不久远。1994 年美国教育传播与技术协会（AECT）为教育技术作出的新定义，反映了目前国际上对教育技术的普遍看法。一般认为，现代教育技术是以多媒体为基础的一种系统技术，具有高度的综合性、科学性和可操作性，通过对教育系统的优化设计、优化控制与优化管理，以实现教育效果的最优化。由此看来，教育技术与教师在教育教学中各有不可替代的重要作用。教育技术创造了新的教育教学环境，但教育资源还要靠教师来组织和开发。在现代教育技术支持下的教育教学环境中，教师要观察学生的学习活动，发现其学习需要、学习方式和学习策略，以更新教学方法和采用新的教学技术，必要时，开发新的教育资源。不仅如此，教师要引导学生了解自己的学习特点，并根据学生的实际需要提供咨询和导航以实现应用教育技术的最佳效果。

传统的教育技术在营造教育教学环境方面的作用仍然是辅助性的。只有在以计算机多媒体技术和网络技术为核心的现代教育技术引入之后，情况才发生了改变。现代教育技术的发展改变着传统的教育教学模式，开辟了高效实用的现代化教育教学新局面。例如，目前已经有 1 100 所以上的美国大学和学院以及其他国家的数以百计的各种教学机构提供了网络课程。这些课程录取的人数在急剧增加，而许多研究也表明这种网上学习对于学生而言是有效而令人满意的。

现代教育技术的应用与扩展，"不仅对教学内容、教学方法提出了一系列新的课题，而且对教育管理、教育观念乃至教育功能、教育行为等都产生了广泛的影响"。仅就教学模式而言，"数字技术使教授有了一种比讲授更为有效的教学方法——并且不会付出许多的额外时间和努力"。现代教育技术在高等教育教学方面可能的作用如下。

让学生获得初次经验。很多例子证明，借助现代教育技术，可以让学生在安全、便捷、经济的条件下，在许多任何学科（特别是在需要实验操作的科学工作）中得到宝贵的初次经验[5]。例如，美国布朗大学（Brown University）开发了一套用于学习气候学的软件。一名使用了该软件的学生说："作为一名对气象学和地质学一无所知的新手，我发现这个软件相当有效。在只有半个小时的时间里，我对这门学科有了一个大致的了解。"

将学习与实际生活相联系。强大的模拟功能使现代教育技术提供了与现实世界的便捷"接口"。在澳大利亚的墨尔本大学（University of Melbourne），政治学系开发了一个计算机模拟软件，使学生能够针对不同的国际政治形势作出判断。在三个星期的时间里，学生扮演着政治、商业、媒体组织的领导人，分析国际关系的不同因素。在让学生决定完成一篇论文或进行计算机模拟练习的选择时，大多数学生选择了需要更长时间的模拟练习。

在霍夫斯特拉大学（Hofstra University）的法学院，教授们开发了一个关于审判前起诉程序的学习课程。学生与其他学生以及导师相互交流，就像他们参与实际的起诉程序一样。一名教师会一直主持这一过程，并在其中扮演不同的角色：开始是委托人，然后是顾问、法官、记者和公众等。这一课程比传统的课堂教学进度更快，学生对课程中的身临其境的过程深有体会。

可以便捷地获取大量的信息。可以对海量信息进行存储、检索和再现是现代数字技术的基本功能，这亦提供了教育作用。维吉尼亚技术学院(Virginia Tech)，开发了一项关于树木种植的软件，教给学生如何根据林奈分类法来辨别树种。该软件包含了超过 9 500 幅图片，还有对植物的叶、枝、果、花、皮以及形状的详尽描述，还有 470 种物种的分布图。学生可以方便地在屏幕上比较不同种的物理外貌和特征，例如生长率，也可以通过光盘中的测试来检查对材料的掌握情况。

根据每一个学生的需要安排教学。尽管我们知道每一个学生都是不同的，但是传统的教学模式却使我们不得不通过统一的讲授来进行教学。这是对创新人才培养的重要阻碍。与此相对，在科罗拉多大学(University of Colarado)的波尔得(Boulder)商学院里，学生通过电脑进行学习，当学生觉得自己学得不错的时候，就可以去通过特定的考试，并进入下一步的学习。

类似的，麻省理工学院(MIT)设计了一位"网际导师"。这位导师实际上就是一个网站，帮助学生完成他们的数学和物理作业。"导师"对学生的作业表现可以进行实时的、详细的分析。如解答每个问题所用的时间是多少，哪一个提示最有帮助，正确的答案和错误的答案各有多少等。教授可以进入学生的辅导记录，并与其他学生进行对比，从而调整讲授内容，或者进行个别辅导。

教师的角色由信息的提供者转变为教学过程的指导者和设计者。在现代教育技术的帮助下，教授可以更像牛津的导师那样，观察学生的学习过程，设定学习目标，指出学习方向。牛津的导师制的强度和广度是很大的，而现代教育技术使得教授能够以最少的投入达到较好的效果。

例如，南缅因大学(University of Southern Maine)选修"普通心理学"课程的学生增加了许多，但讲授时间却减少了一半，取而代之的是互动式的网络学习活动以及教授和助教的个别指导。学生能够在网上选择适合他们的学习风格、需要和兴趣的课程。对他们作业的错误，学生会得到即时的反馈，并且可以在网上重做作业，直到他们理解了所要求的内容为止。

学生的学习更为自由。在传统课程中，既使是在鼓励讨论的课堂上，许多学生也会有很多顾虑，从而不敢提问。这往往导致落后的学生被落得越来越远。在网络空间里，心理压力会小得多，每个人都可以平等地参与并自由地进行讨论，进行更"民主化"的学习[6]。例如，在弗吉尼亚技术学院的数学课上，学生可以全天候 24 小时通过计算机软件复习课程内容，并且获得辅导员的帮助。在乔治·华盛顿大学的教育技术管理研究生课程上，每个学生都有一个 BBS(Bulletin Board System)账号，可以经常在 BBS 上展开讨论。讨论的内容非常丰富，甚至包括个人生活和工作的细节等。

3 现代教育技术与大学创新人才培养

应当说，现代教育技术已经使高等教育的教学模式发生了很大的变化。这种变化不仅仅解放了教师，也解放了学生。历史考察可以发现，早期的媒体运用，秉承的是行为主义心理学的刺激—强化理论，其教学模式是灌输式的、单向式的，只是用新媒体来强化固有过程。加上传统媒体在表现力、重现力、接触面、参与性和受控性等媒体特性上的局限，其对教育的作用是有限的、保守的，对推动教育培养创新人才也显得缺乏后劲。而现代教育技术引入以来，特别是自 20 世纪 90 年代以来，随着多媒体和计算机网络应用的日益普及(特别是Internet的迅猛发展)，建构主义心理学成为媒体运用的重要理论基础[7]，而现代教育技术的应用也进一步印证和推动着建构主义心理学的发展，使得现代教育技术支持下的新型的教学模式成为高等教育创新人才培养的重要途径。

但是，这种改变也并不总是令人放心的。例如，菲利普(Philip E. Agre)认为，"尽管有许多人强调信息技术促进了教育的非中心化和多样性，但实际上这种观点的反面更接近真实。我们必须谨慎地在高等教育中应用信息技术，不要让它危及我们的个性"[8]。而鲍尔斯(C. A. Bowers)对现代教育技术背后的哲学意味提出了质疑。他认为对现代教育技术的追求导致人们在某种程度丧失了对文化整体性的认识，或者改变乃至抛弃了我们应当珍视的一些文化内容[9]。正如Frank W. Connolly所描述的那样："学生们正在失去他们传统的大学生涯的丰富性，但他们并不自知。今天的学生并不真正明白教师和学生之间的关系，因为在课堂之外他们用电子邮件来和教授联系。这是一种'无害无痛'的交流方式。对于这些学生来说，到办公室和教授见面是最后的选择。甚至对于那些年轻的教师来说，他们恐怕也不知道他们正在失去一些特别的东西。由于有了电子邮件(以及其他现代教育技术)，他们也许永远也不会领悟教学的真正快乐……我担心有一天学生们会宁愿与一个系统管理者信箱交流，而不愿意和任何教师进行交流……今天的学生和青年教师并不清楚他们失去了什么。他们有能力获得目不暇接的丰富资源，但却没有时间和兴趣来深入理解它们。"[10]

对于创新人才的培养而言，应当关注的问题是：创新人才能否在现代技术基础上形成的新的教育教学环境中形成？到目前为止，我们看到的都是乐观的评价，但是正如克里斯蒂娜(Christina Williams)所说，"我们仍然处于电子化学习的早期阶段，已经积累起来的文献并没有告诉我们什么是'正确的道路'。但已经开展的研究确实提出了一些建议，甚至警告。这个领域充满了尝试和错误，并且是一个充满了新潜力的令人兴奋的领域。"[11]

不过，对现代教育技术的担心并不能削弱它由外围进入高等教育中心的势头。贝尔纳指出："创造力是没法教的。"培养创新人才，除了需要教育观念的根本转变外，还需要一种迅速变革的教学环境，为学生提供主动探索未知的天地，使学生"能真正有被鼓励开发并表达他们想法的机会，如此才能发展他们富有创造力的才能"[12]。现代教育技术正提供了这种客观可能性。无论从现代教育技术发展的原因、目的还是过程来看，现代教育技术都与高等教育的进步紧密联系在一起[13]，为高等教育提供发展的动力。争论也许还会继续下去，我们迄今仍然无法看到一个明晰的前景，但"创造性就萌芽于混沌之中"。每一所大学都必须考虑现代教育技术的应用策略，适应创新人才培养的要求。高等教育的轻舟正处于数字化的大潮中，而培养创新人才的要求又给它压上了沉重的担子。在这样的情况下，"正如任何老水手说的那样，应当看准方向迎头而上而不是随波逐流"。

参考文献

[1] 高新发. 改革大学教学模式，培养大批创新人才[J]. 高等教育研究，2000，(6)：45～47.

[2] 赵国栋. 论科技的发展与学校结构的演变[J]. 比较教育研究，2000，(1)：44～47.

[3] 单淑明. 教育技术发展中值得关注的几个问题[J]. 电化教育研究，2000，(12)：18～20.

[4] Frank Newman, Jamie scurry. Online technology pushes pedagogy to the forefront[J]. The Chronicle of Higher Education，2001，47(44)：B7～B8.

[5] 邱曾. 教育技术进步对大学教学改革的作用与挑战[J]. 医学教育，1999，(5)：11～15.

[6] Judith A Ramaley. Technology as a mirror[J]. Liberal Education，2001，87(3)：46～53.

[7] 何克抗. 现代教育技术与创新人才培养[J]. 电化教育研究，2000，(6～7).

[8] Philip E Agre. Information technology in higher education：the "global academic village" and intellectual

standardization[J]. On the Horizon，1999，7(5)：8～11.

[9] Bowers C A. The parodox of technology：what's gained and lost[J]. The NEA Higher Education Journal，1997.

[10] Frank W Connolly. My students don't know what they're missing[J]. The Chronicle of Higher Education，2001，48(17)：B5.

[11] Christina Williams. Learning on-line：a review of recent literature in a rapidly expanding field[J]. Journal of Further and Higher Education，2002，26(3).

[12] 谈松华. 高教变革：为迎接知识经济时代做准备[J]. 中国高教研究，1998，(4)：12～14.

[13] 蒋笃运. 高等教育信息化的基本内涵与特征[J]. 教育研究，2001，(5).

Fostering Innovotive Undergraduate Students with Modern Educational Technology

Yu Huang

School of Geography，Beijing Normal University，Beijing 100875

Abstract：The development of educational technology influences higher education teaching model deeply. Moreover，the application of modern educational technology can accelerate the shaping of a new higher education teaching model. It is critical to recognize the significance of application of modern educational technology for higher education teaching model reform and innovative personnel training in this area which higher education teaching model has been remodeled with the needs of the innovative personnel training. In this article，the role of educational technology/modern educational technology in higher education/higher education teaching model，as well as relationship among them，was discussed.

Keywords：educational technology，higher education，innovative personnel training

指导本科生科研实验的心得之一*

2006～2008 年，我参加了"国家基础科学人才培养基金"资助的提高本科生科研实验能力的部分工作。具体是发展 3 个土壤物理实验项目，进行 1 个实验项目的不同实验方法比较。

这部分工作开展以来，先后共有 7 名本科生参加。在指导本科生做实验的过程中，发现并解决了一些问题，观察到学生的各种表现和实验思路的转变过程，最后完成了研究任务。两名学生申请了 1 项"国家大学生创新性实验计划"本科生课题，并与我合作发表了两篇论文。其中，关于土壤水分蒸发测定实验项目的改进的论文获得了"北京高教学会实验室工作研究会 2008 年学术研讨会征文"优秀奖。

在课题结束之际，回顾整个过程，有以下几点心得与同仁和相关专家分享和交流。

1 本科生实验的时间保证

在当今这个信息爆炸的时代，对刚跨入成年人行列、思想上仍显稚嫩的本科生诱惑很多，再加上课程较多、就业压力等许多问题，导致学生的实验时间难以集中。而土壤物理实验需要持续很长时间，个别实验甚至需要连续数天进行不间断观测，因此对师生都有一定压力。

* 本文由高晓飞执笔。高晓飞(1979—)，博士，实验师。北京师范大学地理学与遥感科学学院教师。主要研究领域为土壤理化性质分析。gaoxiaofei@bnu.edu.cn。

学生决定参加实验能力提高训练可能只是受兴趣的驱使。随着兴趣的消退或转移，他们很难抓紧时间进行实验，极有可能半途而废。针对这种情况，必须有一些相应的措施来调动学生的积极性和激发学生的求知欲，使学生认识到科学实验的重要性及科研成果得之不易，形成一种责任感，并秉持严谨的态度。

2 本科生实验素养的培养

课堂教育主要属于基础性教育，学生理解了大部分的课程内容，就能完成课程的学习。但科学实验却要求学生必须掌握实验技能，规范操作，并要自行设计实验方法，准备实验仪器，对实验过程、现象和结果进行分析，找出误差原因，解释实验结果。这就不仅需要动手，更需要动脑。对实验过程和实验结果的描述应当规范、准确无误，避免口语化。

这些素养是在实验的过程中逐渐形成的，需要启发学生思考，对结果进行预期判断，最终再通过实验操作得出实验结果。实验的设计也不能闭门造车，而必须查阅相关的书籍和科研论文。而实验的任何操作，都绝不能想当然和似是而非。这就要求学生会读参考文献，能整理前人的实验方法，对比不同实验方法得出实验结果的差异，并思考原因，设计改进实验。

"国家大学生创新性实验计划"本科生课题"土壤蒸发量测定及小型蒸发器的设计"的申请专利成功就是一个比较好的案例。

3 对指导老师的职责与作用的思考

在本科生实验能力提高的过程中，指导老师必须规范学生的操作，防止出现意外，减少实验误差。还要及时发现并提炼学生的创新思想，进一步挖掘学生的潜力，发现新的创新点。

学生能力提高的实验，经常可能会出现一些与预先假设不符的结果，这可能会引发学生的思考和很大的求知欲。此时，指导老师必须对实验结果采取认真负责的严谨态度，不能凭感觉给出一个不负责任的解释，而应该认真与学生共同探讨实验结果出现的原因和意义，更不能为了出成果，随心所欲地修改甚至篡改实验结果。

实验的过程也是师生交流的过程，指导老师应该认真对待学生提出的问题。有一些学生提出的问题可能不成熟，甚至是错误的，这都很正常，也是今后在实验教学中教师应该当做重点和难点解释的。但也有一些是很好的具有创造力的想法，指导教师就应该与学生共同探讨，鼓励学生凝练成一个完整的想法，形成一篇文章或一个本科生项目。

指导本科生科研实验的心得之二[*]

1 实验教学新尝试

随着科学技术的发展，社会对人才素质，尤其是人才的实践能力和创新能力的要求越来越高。"创新是一个民族的灵魂。"高等教育的重要任务是培养具有创新能力的人才，大学是创新人才培养的重要基地，而实验教学是培养学生创新能力的重要手段，实验教学和实践教学环节在整个本科教学过程中有课堂讲授不可替代的作用，是学生接受能力和素质教育的有效形式，学生的动手、创新能力是学生素质的重要体现。

* 本文由温淑瑶执笔。温淑瑶（1967— ），女，博士，副教授，高级实验师。北京师范大学地理学与遥感科学学院教师。主要研究领域为水环境保护、环境化学。wsy@bnu.edu.cn。

传统的实验教学以教师为中心，强调"验证理论，培养学生的实验技能"，学生被动地按实验要求和操作步骤进行实验，这种"照方抓药"的教育模式适合于基本技能的训练，而当今的实验教学更注重的是让学生受到研究性思维、技能的训练，因而传统的模式不利于激发学生的积极性和创造性，学生创新能力的培养受到局限。传统的考核方式也较难做到公平、公正、准确。

为了适应时代的需要，一方面，学校需加大实验、实践环节课的学分比例，加大实验室建设的投入，提升实验环境的档次，加快与国际接轨的步伐；另一方面，应改革现有的教学模式，不断摸索新的模式。

下面以北京师范大学地理学与遥感科学学院本科生实验课程"环境监测"为例谈谈我们在实验教学模式上进行的一些尝试。

1.1　积极拓展实验内容，为学生创新兴趣的培养打下基础

我们通过比较同一实验项目的传统测试方法与现代仪器测试方法的异同，让学生全面了解测定方法的发展。在"环境监测"实验教学中，我们保留了某些传统的实验，如重铬酸钾法测COD，也尝试了COD的现代仪器测试方法，如用德国WTW公司生产的多功能水质分析仪测定COD。在实验教学中通过传统方法的训练，学习水质COD的测定原理和基本实验操作技能，通过用仪器测试方法了解仪器测试的原理，比较传统方法与仪器方法在准确度、精度、测定速度、节能(耗水、耗电等)、方便程度、占地面积、野外适应性、耗材费用等方面的异同、利弊、适用范围及改进措施等方面，拓展原有的学习内容。对于实验课上没时间完成的相关内容，如仪器的测试准确度、精度、适用范围、替代试剂的选择与开发等内容通过筛选有兴趣、有余力的同学进行本科生科研立项，通过在教师指导下的本科生科研项目，完成教学的延伸学习和研究，学生科研为教学内容注入了生机和活力，也提高了学生的学习兴趣和科研热情。

我们在原有实验内容的基础上增加了一些教学内容，如指导学生参观本校分析测试中心和校外相关的国家重点实验室，请专家及时向学生介绍相关领域的新知识、新技术、新成果，了解当代相关方面的科技发展水平、生产实践状况、社会发展要求，具体了解现代仪器的功能、应用及发展(尤其是大型仪器)，了解现代仪器的应用对科技的促进作用和在应用中存在的问题，了解我国与其他仪器生产国家在相关方面的差距，拓展学生学习、运用知识的视野和就业视野。

1.2　强调过程学习，使实验、理论教学双向互动，努力为学生提供创新能力的空间

以往的实验课是完成一个个单一的实验项目，测定的是某一对象的某一时间点的某一确定指标，如测定污水中的阴离子洗涤剂的浓度实验，以前学生测定完水样的阴离子洗涤剂浓度就算完成了实验操作，现在强调过程学习，鼓励学生站在教师的角度在已有条件下参与实验设计。例如，我们添置了紫外光强度测定仪、浊度仪及亚甲蓝阴离子洗涤剂测定装置等，鼓励学生测定阴离子洗涤剂浓度随时间的变化，比较在不同光强下浓度的变化速率，观察光强、温度、pH、浊度、初始浓度等反应条件对变化的影响等，从而引导学生深入理解环境的自净作用过程和机理，使实验课深化理论课的学习，达到双向互动，发挥理论学习不可替代的作用。

1.3　改革实验模式，给学生提供施展创新能力的平台

以往的实验课是教师要求学生按照实验教科书的规定把指定的实验在实验室按部就班地完成(如噪声计的使用)，这种注入式的学习方式能够培养学生的基本操作技能，但在充分发挥研究性学习在学生能力培养中的重要价值方面存在局限。现在我们对一些实验进行了改革尝试，由完全的操作性实验改为基础性实验、综合性实验、设计性实验相结合，取得了较好的效果，如将噪声计的使用实验改为给学生提供仪器和必要的便利，要求学生利用提供的仪器撰写一篇科技小论文，为了完成这个任务，每个学生自己查资料，形成自己独特的科学问题，用自己的个性化思路，自行设计实验，选择实验的地点、时间，自己完成实验，解决问题，按科技论文的格式要求写出论文，论文有自己观点和分析，更有收获。有的学生还提出了仪器的不足和改进意见。对于像样的论文鼓励学生

积极投稿，从而增强了学生的自信心和参与竞争的能力。

此项改革尝试，遵循因材施教的方针，尊重学生的能力差异和兴趣取向，不仅使学生熟练掌握了实验操作技能（因为每篇论文都需要有比原实验课多的数据），培养了严谨的科学态度、实事求是的习惯，还训练了学生在实验中学习、思考、协作的精神，培养了创新意识、创新能力。

1.4 改革实验课考核方式，肯定创新能力

以往实验课的成绩主要依据学生的实验报告、教师对学生的印象、实验课出勤、实验室卫生等记录给出。现在不仅要求学生课前预习、课上记录过程、现象、结果，还要求学生在离开实验室时让教师签字，把这第一手资料作为成绩的一部分记入总分。实验中允许学生有拓展的空间，对于实验结果，均要求实事求是地分析，即使是错误的结果只要能认真分析，找出出错的原因，仍然认为实验有收获，教师会认真批改，给予合理的肯定。我们鼓励学生在完成基本实验报告的基础上自由讨论，发表相关的个人建议、提出问题及实验设置意见。对于学生在实验报告后的讨论，如果学生有自己的思考、观点和问题，对于认真深入思考、有正确创意、有独到发现的学生在期末适当加分，从成绩上鼓励学生独立思考、积极创新。

1.5 鼓励本科生参与、主持科研项目，使科研—教学互动

建立本科生科研立项制度，以科研为引导，对学生进行训练能推动创新人才成长。

本科生科研训练基于实验室平台和研究项目，核心是激发学生学习和研究的兴趣及创新的欲望，培养综合素质，提高创新能力。以探索性教学和教学科研互动的新理念改革实验教学。

本院的实验室对本科生全面开放，为教学、科研全面服务，开放式实验教学是培养创新人才的有效途径，有利于学生个性思维的发展和创新能力的培养。

2 指导本科生科研的体会

由于科技的日新月异，如今的大学生具有前所未有的优势：获取信息的渠道多、拥有的信息量大、具有的知识面宽、计算机操作熟练、视野广泛、头脑灵活、青春、活跃。多数学生对布置的任务理解快、办法多、反应灵敏、擅长运用现代的科技手段（如电脑处理数据）解决问题⋯⋯

但也存在前所未有的挑战：所面对的诱惑较多，注意力容易分散，投入工作的精力有时不能保障，生活、就业压力大，社会和学生自身对学习要求更高。

下面就谈谈与学生在实验研究过程中相处的一点感受，主要是存在的问题。

（1）部分学生不愿意选择有较大工作量的实验研究题目，这使"老师叫干啥就干啥"的想法过时。究其原因，这些实验的培养目的是想通过实验使学生初步了解实验研究的一般过程，认识其中的规律，理解实验结果产生的艰辛。较之利用计算机对数据、文字的简单处理，本科生的实验研究无论从采样还是室内实验操作都显得"非常基础"，但却比较辛苦，出结果的速度较慢、产量较低，这与如今的"考察、比较"的体制（要求多出成果、快出成果）和人们高效的期望有一些不一致，使得部分学生不愿意选择有较大工作量的实验研究题目。

（2）部分学生对实验研究过程的艰辛认识不足，吃苦耐劳精神有待培养。在遇到实验失败的挫折时，有的学生放弃了实验研究（半途退出了），有的把精力转移到更具诱惑的方面了（去公司打工锻炼）。在这种情况下，我们应该引导学生真正静下心来，仔细地、反复地琢磨实验的细节，大胆怀疑可能出问题的环节，并设计实验反复验证自己的设想，从验证结果中找出问题所在，改进实验的技术，发现具体实践中的技巧，完善实验的方案，得到所研究问题的进展。这种遇到困难不气馁、顽强坚持的意志与精神的培养，是科学研究必需的。优秀成果的产生是长期潜心思考、不懈努力的结果，急功近利难有大的作为。

（3）当今的学生理想多元化，较注重对自己人生的设计，如果能加强"创新研究思路"的引导，培养"静下心来做研究"的习惯，会有利于深入科学研究。

借鉴和交流

兰州大学地理学基地本科生科研训练的特色和成效

王乃昂，张建明，李 育

兰州大学资源环境学院，兰州 730000

摘要： 兰州大学地理学基地在建设过程中，明确科研能力训练目标，设计了基于研究的学习模式，通过科学研究训练提高研究能力，建立"教授—研究生—本科生"研究团队等具体方法，突出科学考察、观测实验和技术运用的特色，取得了很好的成效。

关键词： 兰州大学；地理学基地；本科生；科研训练

1 科研能力提高项目的宗旨和管理

从国际上看，教学和学术成就紧密相连，互相促进，它们的结合是美国高等教育系统成功的关键。基于此，兰州大学地理学基地在科研能力提高项目执行期间，进一步明确了科研能力训练的目的，即旨在探索、实践创新型人才培养，具体包括 3 个方面。

（1）建立基于研究的学习模式，培养学生的科研兴趣和专业爱好。科研训练的首要目的，在于使基地班学生理解地理学前沿科学问题，体会地理科学的真谛，培养他们献身地学工作的自豪感、自信心，树立攀登世界科学高峰、解决国家建设中重大科学问题的理想。

（2）接受较为系统的科学研究训练，增强创新意识，提高科学研究能力。科研训练的目的还应使基地班学生经历和体验选题（了解如何申请项目、进行答辩）、野外调查、实验室操作（野外工作方法、动手能力）、研究分析、总结提高、撰写论文、自办学术刊物（搭建学术交流平台）、参加学术报告等完整的研究过程。

（3）建立"教授—研究生—本科生"研究团队，促进科学与教育的结合，提高研究水准。科研训练的最终目的，在于使基地班学生掌握运用"3S"技术、数字地球等现代科学手段来分析和研究自然与人文现象，培养博士、硕士研究生和本科生等高层次创新型人才，探索并实践创新型地学人才培养模式。

基于上述认识，兰州大学地理学基地根据项目计划书的要求，紧密结合国家需求、科学发展和学科建设任务，将 2008～2010 年科研训练项目分为 6 个课题：①冰川与第四纪；②沙漠与沙漠化；③水循环与水资源；④全球变化及其区域响应；⑤"3S"技术与地学模型；⑥人类活动与环境效应。上述课题设置作为学生选题的宏观指导，旨在让学生瞄准国家目标、科学目标和学科目标，鼓励开展以区域特色为导向的专题研究。在 2008～2010 年项目执行期间，以开展石羊河流域综合科学考察、巴丹吉林沙漠科学考察和嘉陵江源科学考察为契机，在全院范围内共设立人才培养基金能力提高（科研训练）子课题 40 项。其中，基地班学生科研训练受益面达 60%，非基地班则在 20%左右。

项目管理主要采取下列措施。

第一，实施项目负责人和课题负责人制度。项目负责人、指导教师均是项目的主要决策

作者简介：王乃昂（1962— ），理学博士，教授，博士生导师。主要研究气候变化、干旱区水循环与水资源变动、资源评价与规划方法。

者，负责确定课题设置及预期目标。项目负责人严格执行项目任务书，保证宏观调控、科学组织项目。实行目标管理，保证各课题、专题之间的协作，资料共享，实现"项目、人才、经费"的一体化管理。

第二，明确资助原则和申请条件。国家基础科学人才培养基金主要用于地理学的基础理论研究和应用基础研究，基金的申请范围以地理学基地班学生为主，兼顾非基地班学生，以吸引更多的优秀学生参与科研训练。要求子课题负责人业务课成绩优良，对科学研究有较浓厚的兴趣。子课题负责人一般应为二、三年级基地班学生，一名学生至多可参加两项子课题。

第三，定期进行项目检查总结和表彰。大致每年1月发布项目申请指南，3月讨论和通过各专题的年度工作方案，5～9月各专题进行野外实地考察。每年12月召开项目年会，课题负责人提交年度总结报告，各专题负责人中期汇报，交流成果和经验，进行学生成果举例展示。项目负责人评价创新的课题，决定项目下一步的资助经费等。专题完成后要提交原始数据资料、成果的电子文档、结题报告及导师评语，并举办专题研究成果汇报会。学生发表研究论文，需要明确标注项目资助号。学生发表1篇SCI论文奖励指导教师和课题小组3万元科研经费；发表1篇学报级刊物论文奖励指导教师和课题小组1万元科研经费；发表1篇核心刊物论文奖励指导教师和课题小组0.3万元科研经费。

2 地理学基地科研训练的特色

2.1 突出科学考察，强化专业特色

首先，众所周知，地理学的精髓在于发现，而许多发现都基于野外工作。换言之，地理科学与诸多学科所不同的，就是明显地依赖于野外的观测、探测、实验所获得的基本科学数据、资料和相关信息。正是野外研究将地理科学家中的许多人吸引到这门学科中来的，而且野外工作将继续提供给地理科学家们诸多领域的挑战和机遇[1]。事实上，野外考察从古至今一直是地理科学精确表述真实世界所关心的永恒问题。国内外凡有重大成就的地理科学家，无不坚持做科学的野外考察去搜集第一手研究资料。德国著名地理学家、地貌学创始人A·彭克和他的学生就是在阿尔卑斯山长期的野外考察中发现冰川运动在地貌和沉积物上的痕迹，发表了著名论著《冰川时期的阿尔卑斯山》，创立了第四纪冰川地貌学，对人类科学发展、地质、地理、自然史研究作出了重大贡献。植物地理学的理论即植被随纬度、高度变化的水平地带性和垂直地带性规律，则是洪堡(Alexander von Humboldt，1769—1859)在长期的考察后总结出来的。

其次，野外科学考察是获取第一手数据和资料的重要手段，是取得原始性创新成果的重要源泉，在地学研究工作中占有非常重要的地位。所谓科学研究，简言之就是有目的的探究，通常是以发现的事实修正现有结论为目的而进行的大量调查和实验。因此，搜集和占有资料，特别是第一手科学资料的丰富程度，直接关系到研究者学术水平的提高，只有资料丰富才能提高科学的生产能力。野外考察是地理学的一种学科特色，是地理学研究获取科学资料的基本技能之一，也是最富有特色的研究方法。其主要目的是对所研究的论题获得最直接的感性认识，进一步验证所获科学资料的真实性和可靠性，补充所缺的资料信息、数据。美国地理学家索尔(Carl Ortwin Sauer，1889—1975)主张通过实际观察地面来研究地理特征，他曾这样评价野外考察："地理学家的训练就是实地考察的训练。"

最后，通过总结我国地学领军人物的基本特征、影响因素和成长规律，可以发现野外考

察在人才成长中起到了关键作用。从我国位于竺柯桢之后、毕业于新中国成立前的地理学院士来看，他们共有九位，除去毕业于历史系以历史地理闻名的谭其骧、侯仁之，其余的七位是黄秉维、周立三、周廷儒、任美锷、吴传钧、施雅风、陈述彭。前三位毕业于中山大学，中间两位毕业于中央大学（现东南大学），最后两位则是毕业于浙江大学的硕士研究生。值得注意的是，中山大学地理系培养的毕业生并不多，但却出了三位院士及著名地理大家林超、罗开富、楼桐茂、曾昭璇、罗来兴等，可谓难能可贵。究其原因，与其早年受过严格的野外训练是分不开的。当时，中山大学聘请了一位德国地理学家克里德纳（Wilhelm Credner）主持系务与教学，他的教学传授了当时世界最为先进的德国地理学，高度重视野外工作和实证精神，并以此区别于当时按照英美地理学模式创办的其他大学地理系。Credner 的教学计划中，有一门"科学调查"课程，专门培养学生野外工作能力。Credner 在校时，每周野外考察一次，假期则作长途考察，课堂与野外实践相结合，使学生独立工作能力加强。例如 1930年，在 Credner 带领下，地理系组织"云南地理调查团"，开赴云南边疆作探险式考察，在点苍山海拔 4 122 m 发现第四纪冰川遗迹，其后被命名为"大理冰期"冰川地貌。这是中华民国时期我国地理学界有组织的地理考察之始，考察成果后撰成《民国十九年云南地理考察报告》，并用中文、德文发表，产生了很大影响。这个传统一经形成，历久不衰。当时的中山大学地理系，每学期野外考察十多次，假期则作长途考察，1937 年 6 月 9 日《中山大学日报》称地理系"对于实地考察，尤为注意"[2]。之后，效法中山大学 1930 年云南考察而走向野外的有中央大学、清华大学、北京师范大学等。实践证明，这种地学教育模式和研究理念是十分正确的。

通过 50 年的发展，我国青藏高原科学考察研究事业造就和团结了一大批具有科学献身精神的高级人才，仅自 1991～2007 年，至少已有十位科学家先后当选为中国科学院或中国工程院院士。这其中有三位出自兰州大学资源环境学院，与创系主任、著名地貌学家王德基教授十分重视野外实地调查、提倡"五勤"有很大关系[3]。王德基教授 1934 年从中央大学地理系毕业，同年秋参加由著名学者黄国璋教授、奥籍教授费思孟（Herrman van Wissmann）率队的"云南边疆地理考察团"。1936 年冬，他考取"洪堡"（Alexandor von Hamboldt）奖学金，翌年即随费氏赴德国留学深造，攻读博士学位。在德期间，除系统地进修地理学基本理论外，还选学地质、气象、考古系的课程，并着重野外实地考察。利用平时课外实习及节假日，他先后考察了北德平原、阿尔卑斯山区、多瑙河谷地的地质构造、冰川沉积与河流地貌等。1940 年上半年，王德基完成博士论文《中国全年干湿期及降雪期的持续日数》，准确地阐述了我国气候的区域特征，受到费思孟教授好评并获博士学位。回国后，王德基进入重庆的中国地理研究所工作，任研究员，并兼自然地理组副主任。此中国地理研究所创建（1940年 8 月）之初，"即有分区实地考察计划，尤以富有地理意义之自然区域最为适合，期于区域地理有所阐发"。为阐明汉中盆地人文与自然交互作用及其所形成区域特征，"乃于民国二十九年十月组织汉中盆地考察队，分地理土壤两组，实地全面调查"。考察队由王德基担任队长之职，于 1940 年 11 月从重庆北碚出发，抵达陕西城固。野外考察遍历秦岭、巴山之间的城固、洋县、西乡、南郑、褒城、沔县（今勉县），历时 8 个月，考察内容从自然到人文，偏重路线观测、实地勘察访问、绘制图表等。后根据所获材料编写出《汉中盆地地理考察报告》（以下简称《报告》）一书，列为《地理专刊》的第 3 号，于 1946 年 11 月付印。鉴其区域研究体系完整，著名地理学家徐近之教授曾认为《报告》是一部不可多得的区域地理著作，极力推崇其为"国内区域地理之空前伟著""吾国完全区域地理学之第一种"。

　　1946 年秋，王德基应兰州大学首任校长、著名教育家辛树帜的邀请，千里迢迢从重庆来到兰州创建地理系。在此后 20 余年里，他足迹遍及陕、甘、宁、青、内蒙古等省区，6 次承担重大建设的科研任务。每年寒暑假的教学实习或生产实习，他都亲自带队，辗转野外。他十分重视野外实地考察，擅长用素描的方法显示山川地貌特征，要求学生作地理调查必须"眼到、手到、脚到，缺一不可"，不仅要把观察到的各种景观素材用数字、文字、符号、简图等标记下来，保存好采集的标本，而且回校后还要综合整理，写出考察报告。1999 年，李吉均院士在《先驱者的足迹》一文中提到王德基教授治学严谨、特别重视实地调查："现在有些学生怕苦，乐于收集现成材料，写文章也就不免炒冷饭，缺乏新意，就像动物园中的老虎，不须自己捕食，也失去了捕食的本领。这样是肯定成不了大学问家的。"总之，重视野外科学考察，已成为兰州大学地理学科的优良传统，毕业学生在南北极、珠峰科学考察中发挥了重要作用，被誉为"兰大的三极人"现象。施雅风院士高度评价自然地理学在地理科学中的基础地位，号召青年地理学者应当加强野外考察训练。

2.2　突出观测实验，强化科学素能

　　科学始于测度。西方学者凯尔文曾说，"如果你能测度你的研究对象，并以数字表示之，那么谓之有所知。如果你不能用数字描述研究对象，那你的知识就是粗浅而片面的，或许你正要开始了解你的研究对象，但无论研究对象为何物，你的认识尚未升华到科学状态"。兰州大学地理学基地主要按照实验内容的基础性、综合性、研究性层次来安排学生的实验训练计划，并在不同层次分别设置多种类型的实验课程系列，以供不同的教学对象选用。在地理学一级学科的框架下，设置了包括自然科学基础课程实验、地图学与"3S"技术课程实验、专业基础课程实验和研究性创新实验等 4 个模块，每个实验模块包括"实验基本技能""定性和鉴别""采样与置备""测定、分析、综合"等不同功能的实验教学环节；每一个教学模块中可安排适当的验证性、综合性和选做性实验，以实现基础与前沿、经典与现代的有机结合。

　　实践能力的训练和培养是地学基础研究型人才的基本要求，其中实验教学是最重要的教学环节之一。本基地从培养地理科学创新人才的目标出发，全面审视地理科学实验内容、体系，突破部门自然地理实验课间的界限，对实验课程进行一体化设计，将传统的分散在各门课程中的实验课程进行重组、整合，建立新的实验课程体系，以适应培养 21 世纪创新人才的需要。即全面优化实验教学内容，删减部分验证性实验，精选基本操作训练实验，新增一批综合性、研究性和创新性实验，独立设置实验课程(部分内容可来自教师的科研课题，部分内容则来自生产实际和日常生活)，初步形成了"一体化、多层次、模块化"的实验课程新体系。

　　例如刘建宝研究小组，对控制沙丘形态的重要因素——沙丘休止角进行了实验研究。他们选择在腾格里沙漠采集沙样，提出假设并设计了实验方案，对不同材料和不同状态进行了一系列实验，以分析块体运动如何影响沙丘形状和大小，研究各种不同因素对休止角的影响机制[4]。该项研究填补了国内对沙丘休止角无定量研究的空白，已发表研究论文 2 篇，并获得新型实用专利 1 项。

2.3　突出技术运用，强化基本技能

　　地理学在展示和分析技术方法论方面，主要包括地图学、GIS、地理可视化和空间统计学等。地图分析是地学工作者最常用的研究手段，因此有"地图是地理学的第二语言"的说法。如果一张图片表达的意思抵得上 1 000 个字，那么一张地图就能够抵 100 万，甚至更多

的字。"绘制地图对于地理学所起的作用,就像剖析对于学习解剖学所起的作用一样"。"现代"地图是一种数字形式的动态的多维产品。这种地图的进展开辟了地理学研究与应用的新领域,这些变化超越 GIS 的发展范围达到地理学可视化和空间统计分析的新技术领域,提供了对世界日益复杂的和结构性的了解。

例如,齐丽丽、董春雨等完成的"青海湖湖面变化三维可视化分析",主要进行了以下三方面工作。第一,建立了包含青海湖水下地形的流域 DEM(LBD);第二,利用 LBD 和各时期水位数据,计算湖泊面积和水量;第三,利用 LBD 和遥感影像,通过三维可视化技术,最终实现一万多年来湖面时空变化的动态模拟[5]。

3 科研能力提高项目实施成效

3.1 科研训练的普遍效果

通过本项目的实施,初步建立了基于研究的学习模式,有助于培养学生的科研兴趣和专业爱好;通过了解科研工作的全过程使学生获得顶峰体验,培养其科学思维和创新精神;有助于打破学科界限,培养学生的合作意识和团队精神;使交流技能与课程学习相结合,有助于培养学生的口头和书面表达能力。

3.2 科研训练的特殊效果

本项目成功实施的基本经验:一是形成"教授—研究生—本科生"研究团队,促进师生关系和教学相长;二是明确科研能力训练的宗旨、要素和重点,不断形成本科生科研训练的特色和模式。例如,2009 年开展的"巴丹吉林沙漠科学探险考察",取得的主要成果如下。

(1)由北向南成功徒步穿越了世界上沙丘相对高度最大的巴丹吉林沙漠(Badain Jaran Desert),是我国历史上由北向南徒步穿越该沙漠的首批科考人员,也是兰州大学地理学基地完成的又一科考壮举。

(2)进一步确定了巴丹吉林沙漠的地理范围与面积。

(3)利用全站仪、探地雷达等共计测量 8 个高大沙丘,其中海拔最高的必鲁图峰经初步测算相对高度达 430 m。

(4)观测了 46 个湖泊的水文要素,采集湖水、泉水、井水、地下水、雨水样品 75 个。

(5)完成植被样方调查 54 个,采集植物标本 31 株。

此次科考,体现了科学研究与人才培养、科学考察与实践教学相结合的办学特色,将进一步促进我校国家理科基地、国家级特色专业和国家级教学团队的建设。

3.3 项目执行期取得的其他成效

在获得国家级教学团队、国家级特色专业和精品教材的基础上,本基地新获批"环境地学"国家级实验教学示范中心(2009)、地貌学国家级精品课程(2010)和气候学省级精品课程(2010),新获甘肃省教学成果一等奖 1 项。

参考文献

[1] 美国国家研究院. 重新发现地理学——与科学和社会的新关联[J]. 黄润华,译. 北京:学苑出版社,2002:55~58.

[2] 司徒尚纪,许桂灵. 中山大学地理学的学术创新、学术风格和社会贡献[M]//司徒尚纪. 中山大学地理学新跨越. 香港:中国评论学术出版社,2009:25~46.

[3] 王乃昂，赵晶．王德基教授和《汉中盆地地理考察报告》[J]．中国科技史料，1999，20(2)：148～157．

[4] 刘建宝，王乃昂，程弘毅，等．沙丘休止角影响因素实验研究[J]．中国沙漠，2010，30(4)：758～762．

[5] 齐丽丽，刘勇，董春雨．青海湖湖面变化三维可视化分析[J]．地理空间信息，2009，7(2)：57～58．

LanZhou University: Features and Effects of Research Training for Geography Undergraduate Students

Nai'ang Wang, Jianming Zhang, Yun Li

College of earth and environmental sciences, Lanzhou University, Lanzhou   730000

Abstract: A clear research training aim and a mode of research-oriented study were built by Lanzhou University in the process of the construction of geography science base. Research abilities of undergraduates were improved through research training and constructing research teams among professors, graduates and undergraduates. Scientific investigation and filed work, observations experiments and the practice of techniques were highlighted in the practices. Great achievements were made already.

Keywords: Lanzhou University, geography science base, research training

西北大学创新人才培养的新途径[*]

——本科生科学研究能力培训的探索与实践

华　洪，赖绍聪，何　翔

西北大学地质学系，西安　710069

摘要： 本文在分析美国研究型大学本科生参与科研训练的基础上，结合国内高校本科教学环节所存在的问题，提出我国高校必须在授课模式、实践教学体系、考试方式及本科学生科研能力培训等方面进行改革探索，并结合西北大学地质学基地实施本科生科研训练计划的实例，着重探讨了开展本科生科学研究对创新性本科教学改革的重要性。

关键词： 本科生科研训练；教学改革；创新人才培养

随着创新型国家概念的提出及我国高等教育事业的不断发展，创新型人才的培养已成为高等教育所面临的必须解决的重大课题。进入 20 世纪 90 年代以来，国家基金委、教育部和地方政府斥巨资重点共建"国家理科基础科学研究和教学人才培养基地"，成为我国创新型、研究型人才培养的先行者，奠定了我国创新型人才培养的坚实基础。

创新型人才培养应具有一种教学与研究相结合的氛围，教师和学生都是其中的学习者和研究者，在教学过程中构建一种基于研究探索的学习模式，教师和学生的相互交流和合作，以促进学术和智力环境的健康发展。显然，创新型人才培养更注重学生的科研意识、科研能力和创新意识的培养。所以，理科人才培养基地要给本科生提供更多的科研训练机会，以期学生尽早、尽多地感受科研氛围，树立科学创新意识，接受科研方法及实践技能等多方面的严格培训，从而从根本上提高学生的科研创新能力，实现学生个性的自主发展。

自从国家理科基础科学研究和教学人才培养基地建立以来，在如何把理科人才培养成高素质的创新型精英人才，以及如何更为有效地实施学生科研能力培训、提高科学素养方面，各校已取得了一些初步的经验，探索到一些初步规律。但是，如何把这些规律和经验用实、用足，还有哪些更深层次的内涵需要摸索，有待于我们进一步实践与探索。

1　美国研究型大学本科科研发展一瞥

1998 年，博耶研究型大学本科教育委员会在对全美研究型大学本科生教育进行调查的基础上发表了著名的"博耶报告"。报告对美国本科教育，尤其是研究型大学本科教育质量低下的问题提出了尖锐的批评，认为美国本科生教育与研究型大学的学术声誉是不相符的，并给出重建本科生教育的 10 项建议，其中最为重要的就是建立基于问题的学习，以及构建探究式的教学模式，为本科生提供科研机会。

2001 年，为了解"博耶报告"的实施情况，博耶委员会对全美 123 所研究型大学进行了问卷调查，在此基础上，该委员会发表了《重建本科教育：博耶报告三年回顾》。该报告显示，所有被调查的研究型大学都为本科生提供了科研和创新活动的机会，学生的参与程度较

---

*　本文受国家基础科学人才培养基金项目资助(项目编号：J0630537，J0730532，J0830519)。

作者简介：华洪，西北大学地质学系教授。主要研究古生物学和地层学。

高。在被调查的大学中，学生的参与程度在75％以上的学校约占16％，有26％的大学的学生的参与程度在一半左右。除了为学生提供机会外，很多大学还把参与科研和创新活动作为完整的本科教育的一部分，通过培养体系进行要求和规定。探究性学习在研究型大学中有了很好的发展基础，教师和管理人员不仅在研究开发探究性学习的技术设备与途径，甚至还从教育学的角度讨论探究性学习的机制。

该报告同时指出，研究型大学采取了多种措施来加强本科生的科研活动，包括设立校内本科生科研指导机构、设立本科生科研项目等。在被调研的全美91所研究型大学中，近93％的研究型大学建立了校或系层次的本科生科研活动指导机构。一些知名的大学如麻省理工大学、加州大学伯克利分校等都设立了富有特色的本科生科研训练计划，鼓励和资助优秀本科生提出自己原创性的科研项目，独立开展研究。

随着人才培养目标的调整，本科生科研活动在培养高层次创新人才的过程中起着越来越重要的作用。正如麻省理工学院前任校长查尔斯·韦斯特曾说的："人家问我成功的秘密是什么？我说没有什么秘密，我最大的秘密就是促进教学和研究的结合，尽可能把年轻人引导到科研领域。"

2　国内高校本科教育中普遍存在的问题和改革设想

通过调研我们发现，目前国内高等教育普遍存在着以下一些问题：大学把主要精力和发展重点放在科学研究和研究生教育上，重科研、轻教学，尤其对本科生教学不重视；本科生未能成为大学智力资源优势的真正分享者，教育服务质量与高昂的学费难以相称；大学组织结构的不尽合理和教学环节的不完善，严重影响了本科教育的质量；教育教学管理机制不利于保持高水平的本科教育；许多学生知识的应用能力欠缺，甚至"直至毕业也不知道如何才能有逻辑地思考、清楚地写作和严谨地演讲"等。

而我国高校本科教育在教学环节上存在的问题则主要表现在：①在教学方法上，仍以教师为中心，教师讲学生听，满堂灌，注入式，不能充分调动学生学习的主动性，没有立足于培养学生的学习能力和发展学生的个性。②实践教学环节滞后，突出认识与方法的训练，实践课程具有明显的单科性和验证性，启发学生自主思维不足，训练方法传统落后。特别是课程的"自我封闭"和传统教学思想方法的束缚以及教学条件的限制，实践性教学环节尚未构建起既科学合理，又有新技术新方法参与、多学科交叉综合，激发研究性学习和创新思维的完整教学体系，缺少综合性、研究性教学实践，缺少创新性思维引导。③一锤定音的考试方式，引导了学生的死记硬背，以考试分数确定学生的优劣，束缚了学生的创新意识和创造能力。

针对以上问题，我们认为，改革传统的教学方法，构建科学的教学模式，对于培养创新型基础学科人才具有重要作用。目前大学教学应该着力从下列几个方面进行改革。

2.1　推行研究型、交互式的教学模式

改革单一的"书本＋粉笔"的教学模式，在传统教学模式的基础上，推行研究型、交互式的授课模式。在教学内容的改革与更新过程中，将教师的科研优势转化为优质的教学资源，以科研促进教学，实现科研成果向教学的转化，并及时将学科领域的最新研究成果吸收到教学中；实行导师制，加强师生的互动交流，鼓励学生参与导师的科研课题；推行研究型学习，对一、二、三年级学生设立大学生学年论文或社会实践调研报告制度。通过一系列措施，积极探索有利于学生创新精神的形成和创新能力培养的授课模式。

2.2　构建科学的实践教学体系，实现理论教学和实践教学的统一

广泛设立实践教学基地，定期开展野外地质教学，进行野外考察与调研，提高学生的动手能力与分析问题的能力；改革实验教学模式，进一步提高综合性、设计性、研究性实验比例，设立开放的实验室基金，保障实验室向本科生开放，不断开发新的实验项目；设立创新基金，鼓励学生参与科学研究，支持学生进行科研实验和发表学术论文等，加强学生科学研究实践训练，促进学生创新精神、实践能力的培养。加强现代科研技能培养，注重计算机课程与专业课程的有机结合，帮助学生掌握一定的现代研究技术和手段。开展中外联合教学与科研实习，扩大学生国际化视野，提高学生的国际交流能力。

2.3　推行综合性、全程性的考试方式

按照新的教育观念，实行综合性全程考试模式，综合利用各种考试手段，针对不同课程，建立"讨论＋课程论文＋口试""小作业＋大作业＋联机考试""实践考核＋课题设计""课程论文＋小组答辩"等考试模式，以学生知识、能力和素质的培养为目标，加强考试环节管理，突出能力素质考查，注重创新能力培养，变被动应付考试为主动、积极的学习过程，实现考试内容的综合化和融合化、考试方式的多样化和全程化、记分方式的合理化和实质化、考评体系的科学化与合理化，实现学生在知识、能力、素质等方面的协调发展。

2.4　全面实施本科学生科研能力培训计划

研究型、创新型本科生教育与大众型、适应型人才培养的不同之处在于，前者更注重学生的科研意识、科研能力和创新意识的培养，属于"精英型"的教育模式。所以，理科人才培养基地要给本科生提供更多的科研训练机会，以期学生尽早进入科研领域，接触学科的前沿，了解学科的发展动态，培养学生的科研创新能力。

为了加强学生科研能力的培训，西北大学地质学系从2003年起全面实施了"国家理科基础科学研究和教学人才培养基地创新基金研究计划"，该计划的目的：一是给本科生提供科研训练机会，以期学生尽早进入该专业科研领域，接触和了解学科的前沿，明晰学科的发展动态；二是培养学生理论联系实际、科研创新实践能力和独立工作能力；三是加强师生团队合作精神和交流表达能力；四是以"研"促进"学"与"产"的紧密结合，鼓励学生早出研究成果。创新基金的资助原则为"理实结合，突出重点，鼓励创新，注重实效"，资助办法为"自主申请，公平立项，择优资助，规范管理"。为此，我们成立了"学生创新基金管理领导小组"，对基金重要事项和基金项目资助经费进行管理。

我们通过本科学生科学研究能力培训计划的有效实施，采取师生双向选择最终确定的方式，本科学生自三年级起，就逐步融入到教师的科研团队中。通过由不同研究方向的教师根据自己的科研特色和研究实际，提出科研小课题(有限时间、有限经费、有限目标)，学生根据自己的兴趣和特长选择课题，将导师制与创新基金有机地结合在一起，初步形成了教师—研究生—本科生研究群体与教师的科研项目—研究生的论文选题—本科生的创新基金多层面的课题组，从而将导师制、创新基金研究计划、实验室开放及本科毕业论文有机地融为一体。这一措施，使部分高年级本科学生实质性地独立承担小课题，并加入教师的科研群体中。本科生、研究生、教师共同进行野外工作，同场参与学术报告和学术讨论，形成了颇具西北大学特色的科研群体模式，真正实现了将科学研究实质性地纳入教学过程、实践教学由综合性向研究性的转变。经过数年的实践和探索，地质学系围绕创新基金已取得较为丰硕的成果，学生的团队协作精神有了大幅度提高，科研训练实践教学也产生了质的飞跃，学生以

第一作者身份公开发表的论文数量明显增加。

3 本科生科学能力训练——创新能力提高的成功案例

蔡耀平是 2002 级地质学基地班学生，2004 年 11 月获得地质学系创新基金资助，获科研经费 5 000 元，其研究项目为"高家山生物群埋藏学研究"。2004 年 11 月至 2005 年 3 月，他开始整理标本，对课题组采集的 48 箱标本进行了基本归类，初步摸清了高家山生物群主要化石类型、化石保存方式、化石赋存岩性等，为下一步研究奠定了良好的基础。在整理标本的过程中，他发现了几个颇为困惑的问题：①黄铁矿化化石为什么经常出现，但黄铁矿化软躯体化石为何如此稀少？②为什么同一类化石有 4 种不同保存方式？③为什么相同的化石在不同的岩性中都有发现？④为什么化石层仅出现在沉积序列的一定部位？

通过研究和分析，蔡耀平同学发现了许多有趣的现象，在导师的鼓励下，其中的部分成果经整理已在《科学通报》上发表。在该文中，蔡耀平同学通过分析一类黄铁矿化的锥管状化石——Conotubus 的扫描电子显微镜资料，发现管体有两种不同程度的保存方式：一种属于矿化较早的管体，完整地保存了管壁和管腔部分，但没有保存精细结构，该种管体中的草莓状黄铁矿粒径处在 $1\sim5\ \mu m$ 之间，表明这些草莓状黄铁矿形成于一个滞留缺氧的环境；另一种属于矿化较晚的管体，部分地保存了管腔和完整的管壁，该种管体中的草莓状黄铁矿粒径处在 $6\sim9\ \mu m$ 之间，表明这些草莓状黄铁矿形成于含氧—半含氧的环境。文章发表后受到国内外学者的广泛关注，目前已有英、美、德、俄罗斯等国学者索要论文。

蔡耀平同学于 2006 年免试进入本校古生物学专业学习，稳定研究方向，继续进行高家山生物群埋藏学的研究。两年中分别对高家山生物群的埋藏相做了初步划分，同时在风暴碎屑沉积对高家山特异化石保存方面有了许多新的看法。2008 年在古生物学报上以第一作者发表论文一篇，指导本科生发表论文一篇。2007 年 3 月始，任西北大学地质学系研究生会学术科技部部长、西北大学地质学系研究生学术刊物《研石学刊》的总编兼编委。2007 年 6 月完成了《研石学刊》第 2 卷的特刊：Early Animal Fossils from Ediacaran and Cambrian Lagerstätten of the Yangtze Platform，South China。任第四届全国"地学与资源"研究生学术论坛暨西北大学地质学系第二届"研石"研究生学术论坛组织委员会主席，于 2007 年 10 月在西北大学成功举办研究生学术论坛，同时完成《研石学刊》第 2 卷第 2 期的编纂。通过科研实践，蔡耀平同学的科研能力和组织能力都得到了很大的提高，2009 年 1 月他赴美国弗吉尼亚工业学院做为期半年的合作访问研究，至今已与国内外学者合作在国际知名刊物"PALAIOS"和"Geological Magazine"发表颇有影响力的论文两篇（其中一篇为长达 20 余页的封面文章），另有 3 篇论文正在修改或评审中。同时他还代表课题组多次在国际、国内学术报告会上进行学术交流，显示了极强的科研潜质。

4 小结

我们多年来的实践表明，学生科研能力培训计划的实施，使学生的科研素质和能力得到锻炼和提高，学习由被动变为主动，提高了多方面的能力，如查阅文献资料的能力、实践操作的能力、自主学习的能力、分析和解决问题的能力、论文写作的能力、语言和文字表达的能力及团队协作精神等，开阔了视野，完善了知识结构，意志力也得到了磨炼。同时，使本科生有更多的时间和机会与导师、博士研究生、硕士研究生接触，在充满学术氛围的研究集体中，大学生的个性品质得到了锻炼，培养了对科学研究一丝不苟的态度，锻炼了认真踏实的工作作风，树立了对事业的敬业精神以及社会责任感，同时也使教师的教育观念得到了转变。通过研究性教学改革项目的实施，学校教师的教育理念和对人才培养目标有了新的认识，对能力培养和推进科学素质教育的重要性和必要性的认识进一步提高，"以学生为主体，教师为主导"的观念进一步增强，对完善人才培养模式和加强教学与科研相结合、推进学生科研训练、培养学生创新精神和实践动手能力更为关注。总之，本科生科研训练是创新型人才培养极为重要的途径。广泛开展本科生科学研究和推广研究性教学，是进行创新性本科教学改革的"阿基米德支点"。

参考文献

[1] The Boyer Commission on educating undergraduates in the research university. Reinventing undergraduate education：a blueprint for American research university [R]. 1998：1～46.

[2] The Boyer Commission on educating undergraduates in the research university. Reinventing undergraduate education：three years after Boyer Report[R]. http：//www. sunysb. edu/pres/02100662Boyer Report Final. Pdf.

[3] 魏志渊，毛一平. 研究型大学本科生科研训练计划的探讨[J]. 高等理科教育，2004，(2)：75～77.

[4] 陈分雄，叶敦范，杜鹏辉. 创新型人才培养与本科生科研活动[J]. 理工高教研究，2005，(3)：29～31.

[5] 曾勇，隋旺华. 高校地质类教学方法比较研究[J]. 煤炭高等教育，2001，(1)：49～51.

[6] 阮秋琦. 以研究性教学培养创新性人才[J]. 中国大学教学，2008，(12)：23～25.

Northwest University：Research and Practice of the New Ways of Creative Talents Training

Hong Hua，Shaocong Lai，Xiang He

Department of Geology，Northwest University，Xi'an　710069

Abstract：Based on the analysis of US research universities' systems in which undergraduates participate in scientific researches and the problems in undergraduate teaching in domestic universities，This article argues that domestic universities should conduct trial reforms on teaching model，practice teaching system，examination mothod，and undergraduate students' research training. According to living cases in Northwestern University，this article also discussed the importance of innovative talents training.

Keywords：undergraduate students' research training，teaching reform，creative talents training

华东师范大学以科研训练为核心构建
地理学创新人才培养体系

郑祥民，周立旻，过仲阳

华东师范大学地理系，上海 200062

摘要：地理学理科人才培养基地承担着为我国地理学培养后继科研与教学人才的重任。为培养高质量的地理学人才，华东师范大学多年来在基地建设目标的指导下，开展了以科研训练为核心的创新人才培养模式实践探索。通过优化基础教学体系，规范高年级科研训练系统，该培养模式初见雏形，并在人才培养中起到了极大的推动作用，学生综合能力迅速提高，一批优秀学生成果涌现。该培养模式也得到了国内外同行的好评。

关键词：地理学基地；人才培养；科研训练模式

1 引言

地理学作为一门古老的学科，在资源开发、环境保护、经济布局等领域的工作使其在人类发展的各个历史阶段均发挥了极其重要的作用。作为我国地理学人才培养和科学研究重要基地的华东师范大学地理系，建系 50 多年来培养了大批地理学杰出人才。1996 年，华东师范大学地理学系建立地理学国家理科人才培养基地，确立了人才培养思路，**即依托学科平台，进行基地与学科一体化建设，努力强化基地能力建设，实现建设"品牌基地、一流基地，培养国际化人才"**。

根据以上建设目标，地理学基地人才培养，十多年以来确立了完善的地理学创新型人才培养教学内容与体系，取得了丰硕的成果。然而，当今地理学的趋向是，分支学科发展迅速，传统的空间描述正迅速向机制过程探讨转变。这为地理学后备人才的培养提出了新的问题，影响了高水平学科后备人才的培养，这些问题集中体现在学生的基础专业知识和技能与学科前沿研究脱节上。针对这一问题，华东师范大学地理系多年来尝试在基地高年级学生中推行以科研训练为核心的创新型人才培养模式，主要包括低年级以围绕学科前沿开展筑基训练、高年级推行研究生制以科研训练提升创新能力，取得了显著的成果，得到了国内外同行专家的广泛关注。

2 以科研训练为核心的地理学基地创新人才培养模式

2.1 以学科前沿为导向，狠抓低年级学生基础知识与技能，为高年级的科研训练打下坚实的基础

2.1.1 基础课程体系的模块化

以面向学科前沿，为科研训练打下坚实基础为目标，华东师范大学地理系对课程体系进行了相应的改革。按照大学基础、数理基础、专业基础、专业技术、专业应用和能力素质 6

作者简介：郑祥民（1959— ），华东师范大学地理系教授，博士生导师，地理系主任。主要从事第四纪地质学、自然地理学、环境科学和沉积学研究。

个层面策划课程体系，每个层面由三个模块构成。在此基础上适当减少必修课，增加选修课，扩大学生学习主动权，为培养地理学高素质人才提供必要前提。

课程体系由"模块—课程群—主干课"组成，主要包括：模块 1 公共课程群，英语、体育、其他；模块 2 数理计算机基础课程群；模块 3 专业课程群，按地理科学、基地班、资源环境与城乡规划管理和地理信息系统设定。通过课程改革和运作，不仅使学生掌握了本学科基础、专业理论知识体系，而且培养了他们适应社会需求的综合素质和能力。

通过改革实践，基地获得国家理科基地创建名牌课程两项；"十五"期间，由高等教育出版社出版的教材 14 部，其他出版社出版的教材 19 部；上海市首批教学质量与教学改革建设工程"精品课程"3 项；获得校百门双语教学课程建设资助项目 6 门；校百门专业主干课程建设 6 项。

2.1.2 实习基地建设

野外实践是地理学人才培养极其重要的环节，在低年级基础能力培养阶段，基地全面推行了新的实习计划，完成了西北、西南、东北三条稳定的跨区域综合野外实习路线和实习基地的建设，完善了野外实习条件的配备——"新三大件"（笔记本电脑、GPS、数码相机、数码摄像机以及大批先进的野外观察和测量设备等）及野外教学实习指导书的整体建设，并正式挂牌，实习基地建设效果显著，成为基地建设的一大特色。

实习基地建设主要包括：

一年级实习基地。江苏苏州实习基地，主要实习内容为地理学导论对应的普通地理学内容，含地图、地质、地貌、土地利用、城市地理、文化地理等（一年级入学实习）。江苏南京东郊地球科学实习基地，主要实习内容为岩矿、地层、构造、古生物、水文、地貌等（一年级末实习）。

二年级自然地理实习基地（主实习）。浙江普陀山—富春江—杭州—天目山自然地理实习路线，主要实习内容为海岸地貌、河流地貌、构造地貌以及土壤和植物地理。

跨区域野外实习基地（基地特色实习）。目前已建立三条稳定的跨地带综合地理实习路线：

路线 1：云南昆明—大理—丽江。重点实习内容为构造、河流、喀斯特地貌与生态、冰川、重力地貌、城市可持续发展、旅游地理；山地地貌、热带环境土壤和植物地理—综合自然地理、民族地理、自然灾害与减灾管理、天池水体污染考察。

路线 2：东北长春—三江平原湿地—长白山—五大连池—大连海岸带。重点实习内容为火山地貌、构造、山地地貌、河流与海岸地貌、湿地生态、城市可持续发展、旅游地理、土壤和植物地理—综合自然地理、自然灾害与减灾管理。

路线 3：西北兰州—祁连山—敦煌，重点实习内容为构造、河流地貌与西部脆弱生态、冰川、重力与山地地貌、西部城市问题与可持续发展、旅游地理、土壤和植物地理—综合自然地理、民族与文化地理、自然灾害与减灾管理。

为了进一步强化野外实践，2003 年基地与中国科学院大地测量与地球物理研究所洪湖湿地生态站（长江中游）联合挂牌建立了"华东师范大学国家理科基础人才研究与教学培养基地（地理学专业点）—野外科学研究站"，将跨区域综合野外实习基地建设成为本基地的一大亮点和特色，实现了相关专业与基地间的资源共享。

2.2 高年级准研究生式依托科研训练提升地理学人才培养质量

2.2.1 高年级科研训练在地理学人才培养中的重要意义

基地科研训练旨在给基地本科生提供科研训练机会，使学生尽早进入专业科研领域，接触学科前沿，明晰本学科发展动态；提高学生对专业的兴趣；培养大学生的独立性、合作精神、创新精神、创新能力、应用知识和自我学习提供的能力、严谨的科学态度，造就不同学科交叉复合的研究氛围；为学生进一步深造打下坚实基础。

2.2.2 高年级本科生科研训练的特点

本科生科研训练具有其特殊性，特别是与研究生阶段的科研训练具有较大的差别，主要体现在训练目标、训练内容、组织形式等方面。如简单套用研究生科研训练的模式开展本科学生的科研训练将可能无法完成训练任务，无法有效推动人才培养。

2.2.3 基地本科生科研训练的目标

基地本科生科研训练的主要任务是在专业知识学习的基础上，通过参与科研活动了解科研活动的整体流程，提高学生设计实验、分析数据、撰写科研论文的综合科研能力。

与本科生毕业设计相比较，了解科研活动的整体流程这一环节是一致的，但在设计和完成科研问题这一环节又较毕业设计有所提高。

与硕士研究生科研训练目标相比较，本科生的科研训练重在激发学生的科研兴趣，并不强调通过科研训练培养独立研究的能力和在科学上重大的发现。

2.2.4 基地本科生科研训练的内容

地理学基地科研训练的内容主要是以教师在研的前沿课题为基础，对其中某一单一作用过程的机制开展研究。与本科毕业设计相比较，训练内容更为丰富，科研更具深度；与研究生科研训练相比较，研究内容较为单一，并不强调其系统性，科研训练的内容介于本科论文与研究生科研实践之间。以科研训练湿地汞生物地球化学循环课题中影响湿地沉积物汞含量的因子问题研究为例，本科毕业设计内容为通过野外采集沉积物样品并现场测试环境因子，在实验室分析沉积物汞含量以及其他沉积物理化因子（如有机质含量、粒度分析等），在此基础上通过统计分析影响沉积物汞含量的因子及其权重；基地科研训练内容在上述内容基础上，需对某一影响因子的作用机制做深入探讨，如通过实验室模拟分析盐度对湿地汞含量的影响；而研究生的科研实践则需要系统探讨若干主导因子的作用机制。

2.2.5 基地本科生科研训练的组织

基地本科生科研训练基于正常教学计划实施的基础上，其组织形式与研究生科研训练有着显著的差异。主要表现在科研训练的时间、指导教师的指导形式、大型科学仪器的使用等方面。科研训练基于正常教学计划之余，用于科研训练的时间相对研究生阶段较少且较为分散；本科科研训练需要指导教师付出更多的时间对全过程进行辅导，而由于教师往往指导多名学生，因此在指导上以小组辅导为主；为了更好地实现科研训练服务人才培养的目标，大型科学仪器对科研训练的开放势在必行，然而由于科研训练的特殊性，在这些仪器的使用上实行半开放式的管理模式（即在研究生的指导下操作使用仪器）。

2.2.6 基地本科生科研训练的评价方法

与研究生科研训练成果评价以科研论文发表为主的评价体系不同，基地本科生的科研训练由于其特殊的目标，需采取更为多元化的评价指标体系，注重指导教师、训练小组成员间的主观评价对科研训练效果的评判。

2.3　基地科研训练实施方案及特色

2.3.1　科研训练实施方案

规范的科研训练项目申请立项制度。本科生科研训练项目选题，均与指导教师在研项目相结合，保证了项目的前瞻性。项目设立前举行师生交流会，通过师生的双向交流，确定研究课题与具体研究内容。由学生撰写立项申请书，导师指导修改后提出正式申请。科研训练项目评审小组，负责申请项目的评审工作。评审小组根据申请书、研究内容的前瞻性、技术路线的可行性、经费预算的合理性等进行集中评审，民主评议，最终确立资助项目。

强化学生在项目中的主体地位。科研训练项目管理办法中明确，没有本科学生参与的科研项目一律不得立项；成果考核必须以学生为第一作者的国内外论文为依据。促进导师设立吸引学生兴趣的科研项目，督促导师在执行项目中切实加强对学生进行指导，避免出现导师包办一切、学生没有从训练中受益或受益不大的局面。

建立标准化的经费管理制度。以往的大学生科研训练项目经费管理较为简单，通过本次实践，建立了标准化大学生科研项目经费管理模式，即参照国家自然科学基金管理办法，将项目经费以教研室为单位进行划拨，教研室主任对室内科研项目经费去向进行管理，并定期向项目负责人汇报财务。经费划拨采取分阶段模式，初期划拨启动经费，以后各期经费根据年度考核结果进行划拨。

确立多层次的考核制度。大学生科研项目考核除以相关文章为主要指标外，增加"挑战杯"和国家及地方重要科研获奖等考核指标。明确参加考核文章的本科生必须为第一作者。设立科研学分，将学生的科研训练成果转化为定量的科研学分计入学生最终综合分计算范围。建立学生学术沙龙，将学生参加沙龙活动并展示研究成果以及在沙龙活动中同学间的互评也作为考核内容之一。

2.3.2　主要特色

实行"准导师制"，优秀教师上岗参与基地科研训练。基地遴选具有高级职称或已获得博士学位并承担在研省部级课题的教师担任基地班学生的导师，对基地班学生进行准研究生阶段的培养。其主要任务是指导基地班学生进行文献阅读、参加科研活动、撰写科研论文，培养基地班学生的科研意识。为了保障导师制的效果，基地制订了导师制的考核办法，表彰培养学生成绩突出的导师。目前华东师范大学地理科学领域优秀教师如校长俞立中教授、终身教授许世远教授、张超教授、陈中原教授，基地负责人郑祥民教授等均亲自担任本科生导师。

基地科研训练采取准自然基金管理模式，科研训练规范化。基地大学生科研训练的申请制度参考国家自然科学基金申请模式，并根据大学生的知识背景进行了适当的调整，降低申请书中国内外进展的综述要求，主要突出学生对研究内容的理解和研究方案设计的系统性。项目申请书需经过基地科研训练指导小组评审后方可实施。项目执行过程中系统的中期检查与终期考核，规范了大学生科研训练。

适当的资助力度保障了科研训练顺利开展。2004～2006 年，大学生科研项目的主要经费来源是学校大学生科研基金和地理学国家理科基地科研基金，受资金数量限制，项目资助面有限，且每个项目只有 1 000～2 000 元。2006 年之后，地理学基地连续 3 年获得国家自然科学基金委员会人才培养基金资助（全国地学基地中仅三个），总经费达 480 万元。购置和更新了大量实验设备、图书资料，有力保障了科研训练的更好开展。基地科研训练专项经费为大学生科研项目的经费来源注入了强大经济后盾，单项科研训练项目的资助额度最高可达10 万元，与省部级一般课题资助力度持平。

团组式的全程高频率指导模式确保了科研训练的实施。根据基地科研训练学生多、时间少的特点。基地采取了每周2～3次集中团组式指导的模式。具体为每周以半天为单位，导师对加入其科研小组的学生进行集中团组交流指导，学生现场汇报课题设计、实施进展和论文撰写情况，在小组讨论后，指导教师进行点评分析。

现代大型科学仪器向科研训练开放，保证了科研训练的前沿性。随着现代测试技术的兴起，如地球化学测试技术、遥感地理信息技术等的飞速发展，地理科学学科迅猛发展。华东师范大学地理学科多年来依托河口海岸国家重点实验室和地理信息系统教育部重点实验室等地理科学实验平台不断更新仪器设备，先后购置了MODIS数据接收机、ICP-OES、同位素质谱仪、激光粒度仪、X射线荧光光谱仪等先进仪器，总价值达3 000多万元，这些仪器全部向基地本科研训练开放，同时订立更为优惠的仪器测试收费标准(2.5折优惠)。考虑到本科学生在使用大型仪器过程中的安全性问题，在本科学生使用大型仪器过程中，由相关专业研究生与仪器管理教师全程指导。

3 以科研训练为核心的培养模式实践取得的主要成果

3.1 形成积极探索地理科学的良好学风

在参与科研训练的基础上，学生定期组织学术沙龙，交流科研心得，交换科研过程中的趣闻。这些学术活动活跃了学生的业余生活，增加了学生对不同学科领域的了解，更重要的是对低年级尚未参与到科研训练中的同学起到了极大的示范和引导作用。在地理系形成了爱专业、钻研专业的良好学风。在科研活动中，培养了学生吃苦耐劳、团结互助、细致认真的科研品质。

3.2 切实提高学生综合科研能力

通过近五年来以全新的科研训练为核心的人才培养实践，学生的基本素质、知识水平和综合分析能力得到培养和增强，他们中有不少人在本科阶段就发表了论文。据统计，本科学生近5年来在校期间已在正式刊物发表论文80多篇，其中核心期刊约占70%，其中10篇左右为国际三大检索收录论文。另有20多名基地班同学在基地或研究生期间参与出版专著和教材的撰(编)写工作。2009年，一项基地班学术科研作品获"挑战杯"一等奖；一项作品获"上汽教育杯"大学生科研作品竞赛二等奖；基地班学生受邀参加第十三届世界湖泊大会，并作专题发言。

3.3 已初步形成本科生"品牌"效应

华东师范大学地理科学基地班在国内该领域已初步形成本科生的"品牌"，理科人才基地班学生毕业免试直升率连续5年达80%以上，大部分输送到中国科学院和北京大学等重要院校，为国家培养地理学后备人才作出了重要贡献。由于学生综合能力强，毕业学生一直受到用人单位的欢迎和好评，他们对华东师范大学本科毕业生的评价是：**学习刻苦，成绩优秀；专业基础扎实，组织能力强；富有进取精神和团队意识；具有发展潜力。**

3.4 依托科研训练，服务社会

在上海市科学技术委员会和上海市教育委员会的指导下，基地学生参与了上海市大学生"科学商店"活动项目，与上海市闵行区吴泾镇一起成立了社区环境志愿者服务队，组织大学生深入社区进行科普宣传和调研。在创新能力科研训练过程，学生在普遍调研的基础上，结合学科发展和社会需求，完成了一批独创性的科研课题，如陈振楼教授指导本科生完成的上海崇明岛主要道路两侧重金属污染物含量分布研究，为崇明生态岛建设科学决策提供了非常有价值的信息；基地班申悦同学开发的上海市里弄信息系统引起了社会各界的广泛关注。

3.5 基地科研训练的辐射效应

近五年来，基地的教学模式和课程体系改革在国内相同学科得到认可。教学改革成果通过在教学指导委员会会议和基地工作会上交流，得到了兄弟院校的响应和赞誉，纷纷索取教学计划与课程内容设置方案，在全国范围内形成了较强的辐射和示范作用。另外，基地为了实现国际化人才培养的目标，2003 年承担了新加坡国立教育学院 40 名学生的实习和考察任务；2004 年承担了德国汉诺威大学 35 人在上海的考察任务；2004 年 8 月接待来自中国台湾彰化师范大学 20 名教师和学生的访问和考察以及英国萨尔福德大学 3 名本科生的实习任务；2007 年接待美国田纳西大学地理系上海实习团；2010 年接待韩国庆英大学、日本大学地球科学系实习团。

自 2003 年以来，基地先后主办"地理学前沿：地理学复杂性研究学术讨论会"（2003 年，120 多人）、"国际大河三角洲地貌会议"（2004 年，100 人）、"环境变化的城市视角：科学、暴露、政策和技术"（2004 年，100 多人）、"21 世纪城市的变化"（70 多人）、"2004 年全国博士生学术论坛（地理学分论坛，40 多人）"、2004 年全国"经济地理学教师培训"（40 多人）、"长三角发展论坛"（一年一次）、2004 年"正规教育中的环境教育过程高级国际培训项目"（30 多人）、"国际地理联合会执委会议（IGU）暨 IGU 与中国地理学共谋发展会议"（2005 年，50 多人）、"全球化与大都市发展论坛国际研讨会"（2007 年，50 多人）、"长江三角洲地区发展国际研讨会"（2007 年，40 多人）、"首届中国大学地球科学教学论坛会议"（2007 年，100 多人）、"EMACS 国际海岸带环境管理会议"（2008 年，500 多人）、"海峡两岸第四纪教育与普及学术研讨会议"（2010 年，60 多人）、"中国地理学会第十届全国代表大会暨 2010 年学术年会"（2010 年，300 多人）国内外重要学术会议等，有效地拓展了基地学生的学术视野，为科研训练项目选题提供了更多的基础。

通过多年来基地班以科研训练为核心的人才培养模式的实践证明，科研训练是地理学创新人才培养的重要环节与催化剂，提升了课题教学成效，激发了学生学习热情，架设了本科学习与未来研究生阶段工作的良好的桥梁。

East China Normal University：based on the research training，construct the Innovative Training System of Geography

Xiangmin Zheng，Limin Zhou，Zhongyang Guo

Department of Geography，School of Resources and Environment Science

East China Normal University 200062

Abstract：Geography base has a responsibility to train geography research and teaching talents for our country. In order to train high quality geography talents, East China Normal University has started to explore to build a creative talents training model under the goal of the base. Through optimizing teaching system and research training system，the model has got its shape and played an active role in students training. Outstanding achievements already came forward. International and domestic peers gave very high appraisal to this model.

Keywords：geography base，talent training，research training model

北京大学国家基础科学人才培养基金资助项目的执行与本科生培养

邓　辉

北京大学城市与环境学院，北京　100871

摘要：北京大学地理基地建立了多渠道、多层次的本科生科研训练体系，瞄准国家目标和我国地域特色，鼓励以区域为单元的综合性研究，鼓励学生探索人类活动影响下地球表层变化机制与可持续发展途径，培养学生的科研兴趣，提高学生的科研素质和能力。

关键词：地理学；本科生科研训练体系；本科生地理学科研基金；科研素质和能力

1　加强教学、实验、实习条件建设，优化本科生科研训练环境

北京大学地理基地人才培养总目标是：着眼于 21 世纪的需要，培养具有宽厚扎实的基础知识、较高的综合素质、强烈的创新意识和较强的创新能力的地理学理论研究与教学专门人才。在这一培养目标的指导下，基地贯彻"强化基础，注重能力，提高素质，突出创新"的人才培养理念，不断加强学生的能力培养。针对地理学是实践性强的学科特点，我们在本科生教学中始终坚持"书本知识与科学实践相结合"的原则，在注重加强基础理论学习的同时，加强教学实践环节，加强学生的基本技能训练，提高学生的实验室动手能力和野外认知能力，全面提高学生的综合素质，培养具有全球竞争能力的 21 世纪地理学基础科学研究与教学后备人才。

在项目执行期间，我们以"巩固、提高、创新"为总目标，继续加强以培养学生基本技能训练为主要功能的人才培养支撑条件建设，包括实验(实习)课程建设、教学实验室建设、图书资料建设和标本陈列室建设等，以培养学生的实践能力为切入点，构建具有学科优势和北京大学特色的创新型人才培养平台，在强化基础理论学习的同时，注重本科生的基本技能训练，构建完善的实验教学体系和野外实习教学体系，使学生的知识、能力和素质得到全面的协调发展，全面提高人才培养质量，为国家输送高水平、高素质、复合型的拔尖创新的地理学基础科学研究与教学后备人才。

1.1　加强实践—实验教学建设

实践、实验教学是地理科学有关专业本科生教学的重要环节，通过多年的教学实践，我们已经建立了由课堂教学体系、实验(课堂实习)教学体系和野外教学实习体系三部分组成的比较完善的本科教学体系，并已成为基地本科生培养的重要教学环节。根据教学计划，目前基地为本科生开设有 7 门实验课程、5 门实习课。

(1)日常课间教学实习：按照教学计划，利用节假日组织学生进行野外实地考察或调查。目前地貌学、自然地理学、经济地理学、人文地理学、历史地理学、生物地理学、环境演变等课程都安排有相应的课间教学实习和相对稳定的实习地点。

作者简介：邓辉(1964—　)，博士，副教授，副院长。主要研究区域历史地理、环境变迁与环境考古、城市历史地理。

(2)暑期集中教学实习：针对基础性和实践性强的公共基础课，包括地球概论、自然地理学、普通地貌学、土壤地理学和植物地理学等，利用暑假安排较长时间的集中野外教学实习，加强学生对课堂知识的理解，提高学生的野外实际工作能力。基地每年都投入大量的人力和经费，组织北京地质实习（2周）、大同—秦皇岛地貌实习（3周）和张北塞旱坝土壤—植物实习（2周）。为提高教学质量，我们设立了野外教学实习基地建设基金，重点对大同—秦皇岛地貌实习基地和张北塞旱坝生态实习基地进行基础性建设，包括基础资料建设、实习教材建设和野外装备建设等。

(3)毕业生产实习（高年级毕业实习）：生产实习指高年级学生的毕业实习。本实习的宗旨是让高年级学生参加教员的科研项目，结合所学到的知识，在导师指导下完成毕业论文，并进行论文答辩。通过生产实习，学生不但在基础理论和基本技能上得到极大的提高，而且加深了对专业的了解和感情，为今后的进一步发展打下坚实的基础。

1.2 支撑条件建设

为进一步加强学生综合实验技能训练，提高学生的综合素质，在项目执行期间，我们在人才培养支撑条件建设中，以加强学生的基本技能训练为切入点，进一步明确培养目标，理顺本科生的实践教学理念，重点抓好实验教学（实习）体系建设，尤其是教学实验室建设，使地理学基地的基础人才培养支撑条件更上一层楼，为高水平的地理科学基础学科人才培养提供保障。

(1)教学实验室建设：基地实验室目前承担着教学和科研两大任务，项目执行期间，在基地建设基金的支持下，基地实验室彻底改变了过去设备陈旧、管理分散的局面，现已具备了一定的规模和较先进的水平。目前基地实验室包括地表过程分析与模拟实验室、土壤—环境—生态教学实验室和遥感与地理信息系统应用实验室（合称教育部地表过程分析与模拟重点实验室），很好地支持了基地的教学和科研工作。

(2)遥感与地理信息系统应用实验室建设：遥感与地理信息教学实验室是重点实验室的重要组成部分，也是基地学生进行遥感和地理信息系统教学和实习的主要场所，是"211""985"一期和理科基地建设基金的重点建设项目。为保证教学工作的正常进行，在项目执行期间，主要进行了多媒体教室建设与网络建设，增添了地理信息存储磁盘陈列服务器（10T）用于存放地理电子地图、扫描地图、专题图（植被、土地、气象、气候、地貌、地质等）、卫星遥感数据，建立了用于教学科研的综合地理信息基础数据库。

(3)图书资料室建设：图书资料是人才培养支撑条件的重要内容。在"十五"期间，基地的图书资料得到很大的补充和更新，基本上可以满足教学和科研的需要。在项目执行期间，将继续进行图书资料建设，以满足教学和科研的需要。设立图书购置基金，首先满足教学对图书资料，尤其是对国内外优秀教材的需求。继续进行图书资料的数字化建设，增添计算机，建立网上图书馆，为学生提供良好的网上图书资料查询环境。对库存的部分珍贵资料，包括1953年以来历届学生的毕业论文，实施数字化处理，进行保护性抢救。

项目执行期间，北京大学地理学人才培养基地在国家基金委人才培养项目的资助下，大力加强了教学环节中本科生野外实习、实践的训练，加强了20门左右理论类课程的课间实习，新增加了自然地理综合实习、人文地理综合实习。同时，地理学基地加强了本科生的科研能力训练，从二年级上学期开始，积极组织学生开展科研工作，不仅增加了本科科研项目的数量，而且加强了项目的资助强度。通过本科生科研项目训练，本科生的科研能力得到了明显提高。据不完全统计，2006～2009年本科生参与发表的国内外科研论文共48篇，其中

24 篇为国内核心期刊,第一作者全部为本科生;24 篇为 SCI 论文,本科生为第一作者的有 11 篇;第二作者的有 4 篇。

2 本科生科研训练的实践

2.1 本科生人才培养理念

(1) 将本科生的地理学基础理论学习和科学研究实践活动相结合,深化课堂知识,提高科研素质,培养学生的创新意识、进取精神和研究能力,培养世界一流的创新型地理学基础科学研究与教学人才。

(2)建立比较系统的本科生科研训练体系,多渠道、多层次地组织本科生参与科学研究,使学生了解科学研究的全过程,培养学生的科研兴趣,并通过严格的科研训练,提高学生的科研素质和能力。

2.2 本科生地理学科研基金设立原则

制订本科科研项目指南的基本原则,围绕探讨陆地表层自然与人文要素规律及相互作用机制这一总体目标,根据地理学基地的学科特色和科研实际,初步计划安排 9 个方面的研究内容作为项目指南对学生选题进行宏观指导,让学生瞄准国家目标和我国地域特色,鼓励以区域为单元的综合性研究,鼓励学生探索人类活动影响下,地球表层变化机制与可持续发展途径。

(1)基金主要用于地理学的基础理论研究和应用基础理论研究。

(2)基金的申请范围以地理科学基地班学生为主,兼顾非基地班学生,吸引更多的优秀学生参与地理学基础研究。

(3)基金项目的选题采取基地定期公布基金申请指南的办法,实施导师制,由学生在导师指导下进行选题,编写项目申请书,由基地管理小组审批立项。

(4)基金的研究年限为 2 年(大二下至大四上),基金完成后要提交结题报告及导师评语,并举办学术报告会。

(5)基金项目经费主要用于购置图书资料、计算机的机时费、测试与样品分析、化学试剂、消耗材料、野外调查的差旅费和参加学术活动的费用等。

2.3 地理学本科生科研基金的组织与实施

(1)2007 年第一批立项名单(2004 级,8 项)

区域土地利用空间演变过程模拟——以贵州毕节为例,李昊。

不同尺度的土壤养分梯度与植物化学计量格局的关系,金晔。

天津市滨海新区的土地利用变化及其对湿地的影响,杜晓雅、李晨枫。

黄河源区冰川沉积物的年代学研究,马禄义。

云南季风区土地覆被、利用的差异、变动及驱动力,刘明达、蒋蕾。

近 30 年北京地区人居舒适度的变化及其趋势,孙小明、陈雪。

我国西北地区的物候历与物候季节研究,李猷。

贵州小城镇耕地流转经济驱动因素研究,邹健。

(2)2007 年第二批立项名单(2005 级,12 项)

黄土高原红黏土—黄土转变的磁学特征及其古气候意义,崔桂鹏。

新加坡城市化进程与城市气候演变的关系,邓航。

中国主要沙漠地区风成砂石英的光释光性质，郑辰鑫。

多伦地区林草建设的防风固沙效应初步研究，胡国铮。

干旱化对森林草原交错带植被动态影响模拟分析，赵舫。

浅层湖泊沉积物的反射光谱与化学分析比较研究，冯俊。

近百年以来中国北方农牧交错带聚落与环境研究——以内蒙伊金霍洛旗为例，潘元犁。

中国北方农牧交错带土地利用/覆被变化研究，黄姣。

近百年以来中国北方农牧交错带聚落与环境研究——以凉城为例，尉杨平。

基于 GIS 的城市景观形态变化研究——以奥运场馆区为例，陈茜。

新疆地区水资源现状及未来变化的研究，孟翔宇。

新疆地区水资源的地域分异特征及水资源利用的可持续性研究，艾木人拉。

(3)2008 年基金立项与实施情况

2008 年进一步完善了本科科研基金实施办法，扩大了资助范围，加大了经费支持力度，并将基地科研项目纳入到北京大学本科生"研究课程"系统。2008 年全院设立本科生科研项目共 37 项，理科基地资助了 19 项，其中单独资助 10 项，联合资助 9 项，涉及地理科学、资源环境与城乡管理、生态、环境科学、城市规划 5 个专业。资助范围以地理科学为核心，扩大到全院的其他专业，鼓励其他专业的学生开展与地理学有关的研究，培养地理意识，扩大地理学影响。具体资助名单如下。

入湖河流有机碳输入通量研究，刘明、董琳，指导教师徐福留。

重金属对水生态系统的影响风险研究，李伟，指导教师徐福留。

城市道路地表积尘的来源和微量有机污染物释放分析，崔司宇、郭天蛟，指导教师王学军。

多环芳烃的气地交换通量研究，张羽中、邓蜀星，指导教师陶澍。

山东省耕地资源变化研究，刘笑彤，指导教师蔡运龙。

土地利用对高寒生态系统多样性影响的研究——以青海湖为例，罗毅，指导教师李双成。

云南省少数民族文化对土地利用的影响，张才玉，指导教师李双成。

珠三角地区城市化发展对区域气候变化的影响，王骞、王怡然、汪洋，指导教师赵昕奕。

基于老年人生活满意度调查的北京社区建设状况研究，傅江帆、刘萌，指导教师曹广忠。

北京市城市居住—就业空间结构与交通效率——以回龙观和天通苑居住区为例，文婧，指导教师孟晓晨。

转型期北京居民户外休闲活动的时空特征分析，王星、连欣、李劼，指导教师柴彦威。

北京市单位大院与商品房社区居民出行行为的比较研究，朱敏，指导教师柴彦威。

快速融合的长株潭城市群安全格局研究，相云柯、罗洁、刘浩，指导教师吕斌。

快速交通线影响下的轨道交通站点及周边土地利用分析，马晨越、宋丽青，指导教师林坚。

从人的认知研究景区空间建构语言对地域文化的表达——以无锡为案例，裴钰、郑蕾，指导教师汪芳。

奥运会举办对奥运村周边土地利用的影响研究——以商业、房地产业为例，安頔、宋腾飞、袁泉，指导教师贺灿飞。

轨道交通队沿线土地利用及房地产价格的影响分析——以北京地铁五号线为例，李维瑄、赵蓄蓄，指导教师冯长春。

全球主要陆地生态系统土壤呼吸对温度的敏感性及其环境之间关系，王旭辉，指导教师朴世龙。

内蒙古半干旱生态系统白桦和白扦对氮的利用模式研究，刘明琦，指导教师郭大立。

(4)2009年基金立项与实施情况

2009年全院设立本科生科研项目共34项，其中理科基地资助了17项(30名2007级本科生)，联合资助2项。资助范围以地理科学、资源环境与城乡管理专业为核心，扩大到全院的其他专业，鼓励其他专业的学生开展与地理学有关的研究，培养地理意识，扩大地理学影响。具体资助名单如下。

渤海西部海岸带石油资源开发及其环境影响，孟祥魏、李润琪，指导教师许学工。

中国北方几种常见经济林木的花粉、植被覆盖与果实产量关系初探，王玥，指导教师李宜垠、周力平。

红黏土磁学参数的古气候意义及晚新生代气候事件，宋木、李鹏飞，指导教师周力平。

鄂尔多斯市准格尔旗景观变化及生态恢复与重建，韩忆楠，指导教师蒙吉军。

气象因子对大气中花粉含量的影响及北京地区花粉日历，韩阳，指导教师李宜垠、周力平。

北京城市绿化隔离带规划实施状况调查与分析，洪巧民、施凯葳、王伟凯，指导教师曹广忠。

三江并流世界遗产地公路沿线外来入侵植物物种多样性的空间格局及其形成机制，沈利峰、王韬、杨柳，指导教师沈泽昊。

青藏高原不同植被覆盖及不同冻土类型下土壤温度的季节变化，金哲侬、马麟，指导教师贺金生。

老北京传统商业街区的保护与振兴——以前门、大栅栏、琉璃厂地区为例，陈立群、吴鑫，指导教师唐晓峰。

遥感技术与历史文献、地理实验方法相结合的宁夏河东沙区环境变迁研究，苏云翔，指导教师邓辉。

伊金霍洛旗1978~2008年土地利用变化及未来土地利用情景模拟，李德瑜，指导教师蒙吉军。

草原带湖泊干涸后植被动态及其对起沙的可能影响，鲁超凡，指导教师刘鸿雁。

北京城市郊区居民出行链形成机制及影响因素研究——以回龙观为例，王格格、张旭仪，指导教师柴彦威。

北京市城市边缘区空间特征与系统功能研究，李智、马国强，指导教师曹广忠。

转型期背景下开发区配套住宅发展研究——以北京经济技术开发区为例，庞皓、乔淼，指导教师柴彦威。

快速城市化地区城乡交错带土地利用格局生态—经济效益的综合评价——以深圳市为例，陶静娴，指导教师王仰麟。

北京市外资银行集聚与区位选择研究，卫晓、武媚、张一凡，指导教师贺灿飞。

2.4　基金项目执行效果

有助于学生了解学科前沿问题；有助于学生了解科研工作的全过程；有助于培养学生的科研兴趣和专业爱好；有助于培养学生的科学思维和钻研精神；有助于培养学生的科研能力；有助于培养学生的团队精神；有助于培养学生的口头和书面表达能力。

北京大学地理学人才培养基地三年共资助四批、56 个本科生科研项目，110 多名学生参加了本科科研项目。本科科研项目的实施，促进了教学与科研的结合，加强了学生科研能力和综合素质训练，使学生在基本理论、基本知识、基本技能和综合素质、创新意识等方面得到全面的提高，为培养高水平、高素质、复合型的拔尖创新地理学基础科学研究和教学的优秀人才，奠定了坚实基础。

Peking University：Implementation of the Project Based on National Science Foundation and Undergraduate Training

Hui Deng

College of urban and environmental sciences，Peking University，Beijing　100871

Abstract：Geography base in Peking University has set up a multi-ways and multi-levels research training system for undergraduates. According to national goals and regional features，the training system encouraged undergraduates to develop comprehensive research base on regional study，to explore the machinery for change of epigeosphere under influences from anthropological factors and the way for sustainable development. The system was also engaged in fostering the research interest and improving research ability of undergraduates.

Keywords：geography, research training system for undergraduates, undergraduate students' research foundation, research ability

南京大学地理学本科生科研训练成果与反思

王腊春

南京大学地理与海洋科学学院，南京 210093

摘要： 南京大学地理学人才培养基地在国家自然科学基金"大学生能力训练"项目中，结合基地依托地理与海洋科学学院的学科优势，按照陆海相互作用、地表过程、水土资源、对地观测和人文活动等 5 个方向，开展基地班学生科学研究训练，近年来本科生以第一作者发表的学术论文已达 70 余篇，取得了重要成绩。

关键词： 本科生；科研训练；陆海相互作用；地表过程；水土资源；对地观测

南京大学地理学基地 20 位老师从 5 个方向对本科生实施科学研究训练，三年来，受训练的大学生科研能力明显提高，学生得到了地理科学前沿研究课题各个环节的全面训练，发表了 71 篇以本科生为第一作者的学术论文，多数受训练的学生继续攻读地理学方向的研究生，并受到用人单位的高度赞扬。

1 大学生科研训练的学科方向及其训练内容

1.1 陆海相互作用方向

潘少明教授在 ^{210}Pb、^{137}Cs 测年的原理、分析方法及其应用和流域与海岸相互作用方面，训练地理学基地班及海洋科学专业本科生 5 人，指导本科生毕业论文 3 人，其中 2 人本科毕业论文为优秀，并保送南京大学硕士研究生。该训练课题的执行，使受训练学生了解和掌握 ^{210}Pb、^{137}Cs 测年的原理及其应用，并应用 ^{137}Cs 研究了长江口水下三角洲的现代沉积速率，对长江口水下三角洲的现代沉积过程及其对人类活动的响应有了一定的认识和了解。初步掌握了科学研究报告和科研论文的写作方法。指导何坚同学完成长江大通站床沙粒径变化分析后，何坚根据本科论文完成论文"长江大通站床沙粒径变化分析"，已被南京大学学报（自然科学版）录用。指导本科生沿长江主要水文站所在区域取样，描述并进行沉积物粒度分析，^{137}Cs、Pu 同位素的分析及应用，部分成果"^{240}Pu/^{239}Pu atom ratios in sediments from the Yangtze River, China"在 2009 年日本金泽召开的"International Workshop on Low-level Measurement of Radionuclides and its Application to Earth and Environmental Sciences"国际会议上做大会报告。

汪亚平教授指导基地班葛松、冉琦完成了毕业论文"胶州湾海域黄岛前湾沉积速率研究""江苏近海夏冬季节物理海洋与海洋气象的空间分布特征"。吸纳基地班马菲、徐志伟、张凡、叶长江、秦曲斌、张文超、周鑫、冯飞雪等 8 名本科生参加"北部湾沉积物输运及其环境资源效应"和"胶州湾近 50 年来沉积速率的 ^{137}Cs 计年法研究"项目，指导撰写了多篇科技论文，其中以马菲为第一作者的一篇论文已经被 SCI 源刊物"Journal of Geographical Science"收录，另外一篇也被国内海洋学领域颇有影响刊物"海洋学报"录用，这是多年来本科生首次以第一作者身份在上述刊物发表论文。

作者简介：王腊春，（1963— ），博士，南京大学城市与资源学系教授、博导。主要研究方向为水文学、水资源、水环境等。

邹欣庆教授指导本科生赵善道、周鑫、欧志吉、姜启武进行了盐城滨海湿地重金属污染调查、湿地景观格局变化分析、湿地生态服务功能评价和滨海湿地土壤微生物多样性分析等，进行了多次野外采样、大量实验室测试，并指导学生论文撰写工作，以本科生为第一作者发表论文两篇。

高抒教授负责的科研训练项目子课题，结合"908"项目，带领基地班的 6 位同学进行了为期三周的海上考察和采样工作。他们在黄海海域进行了表层样品和钻探样品的采集，同时对海水的流速、流量、盐度等进行了多层次测试，熟悉了海上作业的要求和观测仪器设备的性能、功能和使用，并在老师和技术人员的指导下实际操作，获得了后续研究中所需要的大量样品。

1.2　地表过程方向

鹿化煜教授指导基地班学生李朗平和邱志敏对青藏高原东北部的湟水流域和腾格里沙漠地区等进行了为期 30 d 的野外考察、采样；指导基地班王立新同学对黄土高原和毛乌素沙地进行了考察和采样，行程超过 6 000 km。结合指导教师的国际科研合作项目，3 位同学与美国威斯康星大学和荷兰自由大学的师生共同进行野外工作，逐步掌握了野外工作的方法，并对一些地理学的前沿科学问题有了更为深入的理解。指导 2006 级基地班学生张文超和赵雪琴对东秦岭南洛河流域的河流地貌和黄土堆积分别进行了两次和一次野外考察、采样。指导 2005 级徐志伟同学对黄土高原和毛乌素沙地进行了考察和采样，行程超过 3 000 km，徐志伟同学此后持续进行沙漠样品中重矿物的分离、鉴定和实验操作，他将库姆塔格沙漠地表样品分析结果与老专家得到的结果进行对比，取得了可喜的进步，成果以他为第一作者发表在 2010 年第 1 期的《地理学报》上，徐志伟同学还获得 2009 年度南京大学优秀本科毕业论文特等奖(全校共 10 名)，并获得江苏省优秀本科论文提名，正在评审中。

高超教授主持国家自然科学基金项目"利用河流沉积物定量提取巢湖流域磷来源信息"，围绕流域系统过程主题，指导学生参与野外调查、样品采集与测试、数据综合分析、结果表达和分析总结等科研工作，学生在这些过程中得到了锻炼与提高。

基地班同学范超、于晓艳、周鑫和杜家笔参加的科研训练项目密切结合指导老师朱诚教授的科研课题，2007 年 9 月重点对长江三角洲典型考古遗址骆驼墩做了现场发掘和调查采样，发现了很好的研究材料。为配合国家建设部开展的中国丹霞地貌联合申报世界自然遗产的前期调查工作，朱诚教授带领 2006 级基地班本科生徐龙生到湖南崀山、浙江江郎山、福建泰宁、江西龙虎山、广东丹霞山进行地质地貌调查，前后历时两个月，为中国丹霞地貌申报世界自然遗产提供了大量第一手数据和资料。

1.3　水土资源方向

许有鹏教授指导了基地班 3 名同学，选择了长江三角洲地区不同城市化水平的三个流域(秦淮河流域、西苕溪流域以及奉化江流域)开展城市化对水文的影响分析，对所选区域进行了野外考察和实地调查分析，搜集了有关资料。分析了城市化发展对暴雨洪水和径流长期变化的影响；以西苕溪流域为例，结合学生生产实习开展流域城市化发展对径流影响野外实验观测，获得可供分析场降雨径流资料；以南京市为例，以遥感和 GIS 作为支撑，开展了流域城市化发展、土地利用变化所引起的城市热岛现象等水文效应分析；学生参与编制了长江三角洲地区典型流域城市化发展覆盖图，建立了城市流域空间和水文数据库，为后续研究分析打下了基础。

王腊春教授指导两名本科生，分别以生态足迹的研究思想探讨南京市水资源足迹，从水文学的降雨径流过程模拟入手，利用野外小流域的实验资料，建立了分布式水文模型，并对分布式模型的汇流计算算法作了改进，同时安排他们参加水系规划、水环境保护规划等科研项目的野外调研、实验室测试和数据分析、报告撰写等全过程，论文发表在期刊《水科学与工程技术》上。

周寅康教授通过对本科生有意识的科研训练、野外实习与考察、资料搜集、论文写作（总结），深化高年级学生地理学尤其是水土资源领域的基础，使其了解当前地理科学尤其是LUCC、水土资源及其耦合等主要的研究方向、研究方法、研究手段，以及与国家经济社会发展（如城市化、土地市场化、土地资源资产化、水环境水生态）等的关系，培养他们对地理学尤其是水土资源研究的兴趣并奠定其进一步研究的基础。

周生路教授主要在土壤特性与质量光谱分析、复垦开发土地、土壤特性与质量变化方面培养学生。

濮励杰教授围绕"太湖流域典型丘陵地区土地利用变化过程及环境效应研究"指导学生。

1.4　对地观测方向

柯长青教授先后指导7位同学，对南京与连云港地区的 ASAR、TM、CBERS 遥感图像进行分析，获取相应的数字地形图数据，搜集整理了这些地区相应的气象、植被、土壤、土地利用、社会经济等方面的观测或统计数据，进行了遥感图像的处理、分类与目标识别研究，完成了5篇本科毕业论文，以本科生为第一作者发表学术论文两篇，合作发表 SCI 论文1篇。通过该项目的实施，学生领悟到了对地观测技术在地理学研究中的作用和地位，掌握了遥感数据处理流程和分析方法，以及 GIS 空间分析的实际应用和制图方法。

刘用学副教授依据"本人自愿、兴趣优先"的原则，面向本院基地班和地理信息系统专业、学有余力的本科生，指导学生搜集相关文献，从城镇用地遥感信息提取、面向对象的遥感信息提取、遥感图像分割等方面总结国内外现状，多次开展行之有效的讨论，并尝试提出、改进现有工作方案，形成相应的野外调研计划、地类调查表。

王结臣副教授着重训练学生掌握数字地形模型的应用与分析方法，内容包括：数字地形模型的构建，其中涉及数据获取、表面建模、精度评价、数据组织等方面；数字地形分析技术，包括基本地形因子计算、地形特征提取、通视分析等；基于三维地形的地学可视化技术。项目实施情况与预定计划基本一致。项目执行期间总计 18 名本科生参与项目工作。

马劲松副教授选取南京地区流域的典型自然、社会经济与人文等要素的空间数据，组织近空间数据库，指导学生初步探索了自然要素的空间可视化技术方法、社会经济与人文要素的空间可视化技术方法，实验了数字地球的地学虚拟现实技术，设计实现了网络空间可视化技术，并撰写了相关的 3 篇论文。

1.5　人文活动方向

张京祥教授通过带领学生对长三角地区城乡景观、城乡聚落系统的实地考察，训练学生对实际现象、问题的判断、分析、思考能力，独立撰写考察报告。考察训练环节分为三个部分，分别是：理论讲习与研讨、现场实习与调研、事后总结与研究。

甄峰副教授指导学生杜超进行乡村城市化与人居环境的文献搜集研究工作，指导学生苏碧君、魏婷婷、姜煜华、汤育书参加了宜居城市与人居环境的研究工作，使这些学生得到文献检索、实际调查、数据分析、报告撰写等全程训练，完成了学术论文。

宗跃光教授指导本科生李鹏飞、钟睿、高慧智、柯丹等4人，通过典型个例研究的实施，认识在人类活动因素等方向的地理学前沿科学问题，即地面交通流和地下交通流相互关系对城市发展的影响。宗跃光教授还与地理信息系统本科生韩煜等合作，通过遥感和地理信息系统，提供技术支持"潜力—限制"评价法的应用，申请专利 1 项：一种城市网格化管理空间信息提取系统，中华人民共和国国际知识产权局，2008。

2　存在问题、建议及未来工作设想

在项目执行过程中，二、三年级学生的认同度最高，迫切希望能够参与到教师的科研项目之中，从而在实践中学习、消化老师课堂所讲授的内容，如果能够妥善引导学生的学习热情，将有力地推动今后的教学工作；而一年级学生因为刚入学，对专业的理解尚不深入，专业认同感不强，需要加以合理调节；四年级学生由于面临就业压力、考研究生压力，参与项目的积极性较为欠缺。

在开展的训练过程中，发现地理学院学生基础较为扎实，理化基础强，但活学活用课堂知识的能力稍有欠缺，实际动手能力不够扎实；在科技文献检索过程中，检索策略与技巧、英文文献阅读能力有待改善；在完成科研报告（实施工作方案、技术方案、野外调研报告等）存在行文不规范、表述不准确等问题，学术交流能力不是很理想。

受到社会大环境的影响和学生评价指标的指向，一些学生急于发表论文，而对基本的训练不够重视，并且没有长远的远大志向，需要在以后的科研训练中注意。

一些非基地班的优秀的学生对这些科研训练项目很有兴趣，并积极参加，我们根据实际情况也吸收他们加入到科研训练的项目中来。学生开始参与的积极性高，但往往不能坚持到底，需要老师的引导和鼓励。

项目管理还需要实施更严格的激励机制，以产生更好的效果，培养出更多更好的学生。

在未来的工作中，我们拟结合新一轮科研训练项目的执行，继续让学生实际参与和了解地理科学前沿的研究工作，培养他们热爱地理学的感情和提高他们综合解决问题的能力，培养具有宽厚基础、实践能力强的高素质地理学创新人才；从个例研究让学生逐步体会地球表层系统科学的思想和全球变化研究的趋向，解决长江中下游、河口地区和青藏高原东北部湟水流域的地貌演化、沉积物输移、水文计算、遥感与地理信息系统、土地利用和覆盖变化、城市化与人居环境变化等具体问题，深化流域系统过程和可持续发展中的科学研究；继续坚持指导教师和学生一起参加选题、方案设计、野外考察采样、实验测试、数据分析和报告撰写的全过程研究工作，加强教师与学生的交流和沟通。

Nanjing University：the Outcomes and Rethinking of Undergraduate Students' Research Training

Lachun Wang

School of Geographic and Oceanographic Sciences，Nanjing University，Nanjing　210093

Abstract：Geography base of Nanjing University，based on academic strengths of School of Geographic and Oceanographic Sciences，implemented the project of Undergraduate Students' Research Training founded by NNSFC. A research training system for undergraduates was built according to 5 directions：the interaction between land and see，the process of earth's surface，water and soil resources，earth observation and human activities. Up to now undergraduates in the base have published more than 70 papers as the first author.

Keywords：undergraduate students，research training，the interaction between land and ocean，the process of earth's surface，water and soil resource，earth observation

福建师范大学国家基础科学人才培养
基金科研训练项目简况

曾从盛，王晓文

福建师范大学地理科学学院，福州　350000

摘要：福建师范大学地理科学学院自 2008 年起，承担国家理科基地自然科学基金项目"大学生能力提高——科研训练"项目(J0830521)，为基地学生提供指导性的科学研究机会(同时辐射其他相关专业部分优秀学生)，使学生在指导教师的指导下，结合指导教师的优势研究领域自主申报省、校本科生课外科技计划项目，使学生得到设计课题、调查与实验、撰写课题研究报告与学术论文的科研全过程训练，培养学生的科研兴趣，激发学生的创新意识，提高学生的科研素质和能力。

关键词：福建师范大学；地理学；本科生；科研训练

1　指导思想

为基地学生提供指导性的科学研究机会(同时辐射其他相关专业部分优秀学生)，使学生在指导教师的指导下，结合指导教师的优势研究领域自主申报省、校本科生课外科技计划项目，使学生得到设计课题、调查与实验、撰写课题研究报告与学术论文的科研全过程训练，培养学生的科研兴趣，激发学生的创新意识，提高学生的科研素质和能力。

2　实施方案与措施

(1)实行项目负责人协调，学院科研创新团队带头人与导师负责制。形成教师—研究生—本科生团队专题小组，探索实践创新性地理学人才培养模式。

(2)把培养指导任务分解到学院支持建立的 9 个科研创新团队(包括教育部创新团队)和 6 个重点项目中，分别制定训练目标。根据指导人数分配研究经费(自然，1.5 万元/人；人文，1.0 万元/人)。

(3)除基地学生外，向其他专业的优秀学生辐射。

(4)由项目总负责人每半年进行一次检查通报。

(5)修订培养方案，使参与训练的学生每人可减少一门选修课程，科研训练给予两个学分。

(6)改革实践教学，参与并承办基地跨区域联合实习，提高学生认知地理现象和野外工作的能力。

(7)鼓励学生听学术讲座，支持学生参加学术会议。

(8)地理学省级实验教学示范中心、湿润亚热带生态—地理过程教育部重点实验室、亚热带资源与环境省重点实验均向学生开放。

作者简介：曾从盛(1954—　　)，福建师范大学地理科学学院教授，博士生导师。主要研究生态环境及湿地生态系统。

表1 科研训练主要项目基本情况

Tab. 1 Research training projects

编号	项目名称	负责教师	职称/学位	培养学生
1	杉木林根系对土壤碳吸存的作用机理	杨玉盛	教授/博导/博士	7
2	闽江河口感潮湿地碳循环研究	仝 川 曾从盛	教授/博导/博士 研究员/博导/硕士	8
3	基于分布式水文模型的流域水资源优化配置研究	陈兴伟	教授/博导/博士	5
4	刨花楠苗木对干旱胁迫的生理生态适应机制研究	钟全林	教授/博士	6
5	小流域生态恢复与重建模型研究	陈志彪	教授/博士	5
6	武夷山不同类型土壤有机碳组分的分解速率及其对环境变化的响应	高 人	教授/博士	6
7	红壤山地水土流失过程及生态调控研究	查 轩	研究员/学士	6
8	多环芳烃在土壤有机质组分中的分配特征及其生物有效性研究	倪进治	副研究员/博士	5
9	中国人口就地城镇化的特点、演变及机制研究	朱 宇	研究员/博导/博士	6
10	中国游憩资源评价量表与调查规范的设计与应用训练	袁书琪	教授/博导/学士	6
11	台湾农业产业模式在福建空间扩散的途径与过程	韦素琼	教授/博士	6
12	沿海港湾区环境—经济系统能值分析研究	黄民生	教授/学士	6
13	GIS支持下的城市土地资源集约化利用评价研究	陈松林	副教授/博士	6
14	基于新型国产卫星数据的森林资源环境遥感监测业务化系统研究	李 虎	教授/博导/博士	7
15	网络环境下城市三维景观的虚拟再现与漫游	李新通	副教授/博士	6
16	事件驱动的空间对象版本管理方法研究	林广发	副教授/博士	6

(9)以学生为第一作者发表论文(标注项目)给予奖励(校定A类刊物,如《地理学报》《地理科学》《生态学报》《遥感学报》等,每篇奖励3 000元;B类刊物,如《地理研究》《地球信息科学》《应用生态学报》《山地学报》等每篇2 000元奖励)。指导老师亦同。

3 初步效果

(1)基地学生在2009年校本科生科技计划项目中立项16项,省2项;2010年立项13项,省4项。在全校各专业中名列第一。

(2)在首届(2009年)全国地理学本科生野外调查竞赛中有两人获三等奖。

(3)支持两人参加国际学术会议,使学生开阔了视野。

(4)已在《应用生态学报》《遥感学报》《水资源与水工程学报》等学术刊物发表论文14篇(另有5篇已录用,待发表),如下。

章文龙,曾从盛,张林梅,王维奇,林燕,艾金泉.闽江河口湿地植物氮磷吸收效率的季节变化.应用生态学报,2009,20(6):1317~1322.导师:曾从盛。

李婷婷，骆培聪．福建永定土楼居民旅游感知与态度研究．世界地理研究，2009，18（2）：135～145。导师：骆培聪。

叶李灶，李虎．基于环境1号卫星的新疆天山云杉林生物量监测．干旱区地理，2009，32(2)：33～336。导师：李虎。

王苏颖，叶李灶，陈冬花，李虎．新疆西天山巩留林场云杉林空间分布格局研究．林业资源管理，2009，(6)：59～69。导师：李虎。

王剑庚，赵峰，李虎，余涛，顾行发，薛廉，叶李灶．POV－ray应用于冠层可视光照和阴影组分比例变化分析．遥感学报，2010，14(2)。导师：李虎。

艾金泉，方伟城，陈丽娟．闽江河口湿地生态退化现状与保护对策．云南地理环境研究，2009，21(3)：37～41。导师：曾从盛。

袁红伟，郑怀舟，方舟易．外来物种互花米草对我国海滨湿地生态系统的影响评价及对策．海洋通报，2009，28(6)。导师：李守忠。

曾从盛，雷波，王维奇，仝川，艾金泉，章文龙．闽江河口蔗草湿地CH_4排放特征．湿地科学，2009，7(2)：142～147。导师：曾从盛。

曾从盛，王维奇，张林海，林璐莹，艾金泉，章文龙．闽江河口短叶茳芏潮汐湿地甲烷排放通量．应用生态学报，2010，21(2)：500～504。导师：曾从盛。

边淑娟，黄民生，李娟，陈晓丽．基于能值生态理论的福建省农业废弃物再利用方式评估．生态学报，2010，30(10)：2678～2686。导师：黄民生。

王天鹅，林谨，王维奇，曾从盛．闽江河口湿地植物与土壤灰分及其影响因子分析．生态科学，2010，29(3)：268～273。导师：曾从盛。

Lin Lijie, Lin Guangfa, Yan Xiaoxia, Yang Liping, Yang Zhiai, Chen Ailing. Surface Modeling of Human Population on Subdistrict Scale Using SPOT5 Image and Census Datd：A Case Study of Xiamen, P. R. China. (国际学术会议论文集，EI检索)2010。导师：林广发。

祁新华，朱宇，张抚秀，林晓阳．企业区位特征、影响因素及其城镇化效应——基于中国东南沿海地区的实证研究．地理科学，2010，30(2)：220～228 。导师：朱宇。

余鑫鹏。紫色土的保护和利用——以武夷山市为例．安徽农学通报，2010，16(11)：导师：朱宇。

Fujian Normal University：Briefing of Research Training Project

Congsheng Zeng，Xiaowen Wang

College of Geographical Sciences，Fujian Normal University，Fuzhou 350000

Abstract：Since 2008, College of Geographical Sciences, Fujian Normal University undertook the Research Training Project (J083052) for undergraduate students, supported by National Natural Science Foundation of China. The project provided a good chance to do instructive research for students both within and outside the base. Under the guidance of teachers and scientific research projects from professors, the students have learnt to organize projects, complete investigation and experiment, and write research report and scientific papers. Through the training, students' research interests and their awareness of innovation, as well as their research ability, have been improved.

Key words：Fujian Normal University, geography, undergraduate students, research training

附录　京师地理学基地建设相关成果撮要

编者按：2007～2010 年，北京师范大学地理学基地执行国家基础科学人才培养基金项目，以研究性教学和教学科研互动的理念，依托北京师范大学地理学与遥感科学学院丰富的科研资源和高水平的师资队伍，建立并完善本科生科研立项制度，构建因材施教的科研训练体系，在培养学生创新能力方面，进行了有意义的理论讨论和实践探索。在基金项目的支持和引导下，本科生和导师们一道，从多种渠道发表科研成果，多方面地展现了良好的科研素质和创造性的科研能力。

一　多媒体及网络建设

1.《中国地理教程》辅助教学系统

作者：王静爱，苏筠，潘东华，等

摘要：该辅助教学系统是为了方便教师和学生更有效地使用教材《中国地理教程》(王静爱主编，高等教育出版社，2007)而制作，是教育部国家精品课程"中国地理"课程的组成部分。该系统由"内容介绍""电子教案""遥感影像""教材插图""地理数据""地理文献"和"使用说明"七个模块构成。其中第 2～6 个模块构成系统主体。电子教案为教师授课和学生学习提供思路和教学框架参考；遥感影像共有 104 张，从"分省区""分时段"和"分事件"三个维度提供可以进行区域地理信息识别和分析的遥感影像；教材插图为教师授课和学生学习提供地图信息，共有 204 幅；地理数据模块给学生和教师提供了"全国行政单元地理数据""中国北方农牧交错带人口变化数据"和"中国东部南北样带数据"三大方面的地理数据；地理文献整理总结了教材专著、地理期刊和乡土地理文献的目录和文献。

出版信息：王静爱，苏筠，潘东华.《中国地理教程》辅助教学系统. 北京：高等教育出版社，高等教育电子音像出版社，2009.

2. 周廷儒院士纪念网站(http://www.zhoutr.cn)

制作人：王静爱，史培军，朱良，岳耀杰，张建松，孔锋，潘雅婧，等

摘要：2009 年正值周廷儒院士 100 周年诞辰，为了缅怀周先生，也为了将已故周先生作为虚拟的师资重新加入到北京师范大学"区域地理国家级教学团队"中实现前辈师资的共享与传承，建设了周廷儒院士纪念网站。该网站可以起到延长区域地理教师队伍的链条、增强区域地理教师队伍的实力和加宽区域地理教师队伍的辐射的重要作用。网站建设秉着"传承"的理念，以网站的形式，通过图片、照片、地图、动画、视频、音频等方式，集成和继承周先生生前的"遗产"、激活与拓展师资，传承大师精神，帮助后人学习和创新。

网站包括前台页面和后台管理两大部分。前台页面包括遗产站和工作站。遗产站综合周廷儒院士在科研、教学、管理等方面所取得的突出成就及贡献，将遗产站分为人生掠影、杏坛建树、科研造诣等三个版块，在横向上利用文字、图片等传统形式写实记录周先生的生平经历、科学研究、教育成果、精神品质。工作站分为"怀念之音""学习园地""诞辰百年"三个版块。从纵向上挖掘"隐形资源"，通过曾与其共事的人"口述历史"，通过几代地理人之口、之文，传承地理宗师之伟大精神与学问。

二　论文

1. 王静爱，苏筠，贾慧聪. 国家精品课程"中国地理"的教学理念与建设. 中国大学教学，2007，(6)：17～24.

摘要：本文基于北京师范大学的国家精品课程"中国地理"探讨在"流域系统"教学理念指导下的课程建

设。研究表明：课程建设的上游主要体现教师的储备过程，即教师对课程与教材的设计能力；中游主要体现教师讲授与学生学习的过程，通过教师与学生的相互反馈，提高教师传授知识的能力以及学生的知识储备与分析能力；下游主要体现学生的实践技能和创新思维的培养过程，使学生获得高于课本、高于教师传授的知识与能力。此外，提出了未来精品课程建设的规划和设想。

关键词：精品课程；中国地理；课程流域系统；培养创新性人才

2. 陈思，张娇霞，王静爱. 区域多源信息—多教学环节—师生双向反馈能力体系构建(Ⅰ)——"中国地理"教学环节设计与实践//大学地球科学课程报告论坛组委会. 大学地球科学课程报告论坛论文集(2007). 北京：高等教育出版社，2008：173～178.

摘要：北京师范大学开设的地理本科专业基础课程"中国地理"是国家级精品课程，其教学环节的设计主要是基于"区域多源信息—多教学环节—师生双向反馈"的理念，本文将教学规律和学生认知规律有机结合，着重设计了七大教学环节，即讲课、CAI、学术报告、讨论、作业、实习和考试，以期达到培养地理专业本科生专业能力的目的。

关键词：中国地理；教学环节；师生双向反馈；教学案例

3. 沈智琪，刘文彬，司振中，毛佳，王静爱. 虚拟野外实习(长江流域)教学设计与编制——原则与内容设计//大学地球科学课程报告论坛组委会. 大学地球科学课程报告论坛论文集(2007). 北京：高等教育出版社，2008：335～341.

摘要：本文基于"中国地理"国家精品课程，阐述了虚拟野外实习设计的思想与原则。以长江流域虚拟野外实习为案例，凸显人地关系的全局设计思路、人性化的知识展现方式和多维度的再现实景。介绍了多媒体教学环境下的虚拟野外实习的内容结构，以期通过虚拟的形式，营造出交互式的学习实践内容，激发学生的学习兴趣。

关键词：野外实习；虚拟；长江流域；多媒体技术

4. 张娇霞，谭静，王静爱. "中国地理"精品课程多媒体素材库的构建与教学应用探讨. 中国多媒体教学学报，2008，7(4).

摘要："中国地理"是教育部地理教学指导委员会制定的地理学本科专业的核心课程之一，属于国家级精品课程。以北京师范大学国家精品课程"中国地理"为依托，遵循"多源信息—多教学环节—师生双向反馈"的教学理念、区域地理课程的学科属性以及多媒体资源库建设的一般原则，我们建设了辅助"中国地理"课程教学的多媒体素材库。它采用媒体类型和区域尺度交叉检索方式，包含七类多媒体素材和四种区域尺度，综合多媒体技术和网络技术的优势集成课程资源，以期为师生教学提供一个多媒体、多视角和多尺度的共享资源平台，从而为今后多媒体技术在大中学教学上的应用提供一种可借鉴的思路。

关键词：中国地理；多媒体素材库；地图；影像；视频

5. 张娇霞，谭静，王静爱. "中国地理"精品课程多媒体素材库的建立与应用//大学地球科学课程报告论坛组委会. 大学地球科学课程报告论坛论文集(2008). 北京：高等教育出版社，2009；47～50.

摘要：本文以北京师范大学的国家精品课程"中国地理"为依托，遵循"多源信息—多教学环节—师生双向反馈"的教学理念、区域地理课程的学科属性以及多媒体素材库将设的一般原则，建设辅助"中国地理"课程教学的多媒体素材库。它采用媒体类型和区域尺度相结合的检索方式，包含七种多媒体素材和四种区域尺度，综合多媒体技术和网络技术的优势集成课程资源，以期为师生教学提供一个多媒体、多视角和多尺度的共享资源平台，从而在辅助课程教学基础上服务课程的网络教学。

关键词：中国地理；精品课程；多媒体素材库；辅助教学

6. 秦为夷，卢岩君，卢德岫，王静爱. 基于《中国地理教程》的电子地名库的制作//大学地球科学课程报告论坛组委会. 大学地球科学课程报告论坛论文集(2008). 北京：高等教育出版社，2009：43～46.

摘要：基于高等教育出版社出版的高校本科教材《中国地理教程》，编制了相应配套电子地名库。主要从地名库的需求背景分析、设计思路、设计原则、总体实现流程以及具体实现中遇到的难点及处理方式等方面展开论述。以期为区域地理教学型电子地名库的建立提供通用方法，也为出版教材的多媒体配套资源建设提供案例。

关键字：教材；中国地理；电子地名库

7. 王静爱，葛岳静，苏筠，杨胜天，吴殿廷，朱良. 区域地理教学团队课程与教师队伍的建设与思考//大学地球科学课程报告论坛组委会. 大学地球科学课程报告论坛论文集(2008). 北京：高等教育出版社，2009：39～42.

摘要：国家教学团队建设是提高高等学校教师素质和教学能力，确保教学质量不断提高的重要本科教学质量工程。本文基于北京师范大学区域地理教学团队的建设实践，对课程结构体系、教师能力结构和教师队伍功能进行论证。提出从理论区域、实证区域和数字区域的新区域地理视角，构建课程的结构体系；在可持续发展、稳定发展和高效发展的目标下，优化团队教师的结构；依据区域地理综合性、区域性和师范性的学科—教学特征，组织团队多层次教师的队伍。

关键词：区域地理；教师结构；课程体系；教学团队

8. 张建松，徐品泓，王静爱，张娇霞，张洁. 区域多源信息—多教学环节—师生双向反馈能力体系构建(Ⅱ)——可视空间信息采集与应用实践能力训练//大学地球科学课程报告论坛组委会. 大学地球科学课程报告论坛论文集(2009). 北京：高等教育出版社，2010.

摘要：北京师范大学的国家级精品课程"中国地理"的教学环节和实践环节都是基于"区域多源信息—多教学环节—师生双向反馈"的理念设计的，对高师区域地理教学有重要意义。本文从地图，遥感和视频三个方面介绍与分析了可视空间信息采集与应用实践能力的训练与培养过程，得出了通过实践作业的设计和完成，可以从多个方面培养学生基于信息处理的室内实践能力的结论，对于高师地理教学与实践和学生能力的培养与训练有十分重要的应用价值。

关键词：可视空间信息；实践能力；地图；遥感；视频

9. 潘雅婧，孔锋，刘秋璐，徐小奇，王静爱. 基于网络平台的地理宗师精神与学问的传承与共享——以周廷儒院士纪念网站为例//大学地球科学课程报告论坛组委会. 大学地球科学课程报告论坛论文集(2009). 北京：高等教育出版社，2010.

摘要：在网络技术时代，借助网络平台来传承宗师的精神与学问，是一种值得尝试的新方法。本文结合"周廷儒纪念网站"的版块内容、表达形式及其对传承地理宗师精神的放大效应，初步探讨基于网络平台的已逝宗师精神与学问的传承与共享。利用网络平台传承宗师精神与学问极具优势，应大力提倡及推广，这有利于各学科、领域精神与学问系统地传承与共享。

关键词：地理宗师；周廷儒院士；网络平台；多媒体技术；传承与共享

10. 葛岳静，李柯(2004级基地班本科生). 大学生早期科研训练跟踪研究. 中国大学教学，2009，(4)：52～54.

摘要：Reading & Analysis Groups(RAGs)活动课是基于"世界地理"课程平台开发的一种研究性学习活动。学生以小组学习的方式，通过群众阅读发现问题—讨论综合分析问题—系统集成解决问题的三部曲学习过程，尝试自主式、合作式和探究式的学习。RAGs是介于专业知识学习和科学研究之间的过渡式研究活动，它一方面加强了"世界地理"课程的教学效果，另一方面为大学生早期科学研究训练提供了良好的平台。作者通过亲身参与RAGs活动，对学生习作RAGs的整个过程进行跟踪记录和研究，分析发现了地理专业大学生在早期科学研究中各个阶段的基本特点和问题，希冀为以后"世界地理"的教学和研究性人才的培养提供有益的借鉴。

关键词：世界地理；RAGs；科研训练；学习特点

11. 徐建伟，葛岳静，刘璐(2005级基地班本科生)，万为(2005级基地班本科生). 优势、创新与俘获型价值链突破. 经济地理，2010，30(2)：193～199.

摘要：经济全球化形成的全球价值链中存在发展中国家对发达国家产业的依附现象，形成俘获型价值链，从而难以实现功能和价值链的升级。实现俘获型价值链的突破对于发展中国家的经济发展有着重要意义。本文以爱尔兰和印度为例，分析了其软件产业的发展历程，论证其实现俘获型价值链突破的程度，并从竞争优势和动态比较优势的角度多因素地分析其软件产业发展和竞争力的提升。通过分析发现两个国家借助自身资源、市场等优势和创新，其软件产业正逐渐从价值链的中低环节向价值链的中高环节推进，产业链不断升级。产业上发展落后的国家可能借助传统比较优势的提升和新的竞争优势的形成，实现产业升级和竞争力的提升，这也是突破俘获型价值链的可能之所在。

关键词：俘获型价值链；软件产业；价值链突破；爱尔兰；印度

12. 葛岳静，王静爱，杨胜天，刘宝元，朱良. 地理学本科生科研训练体系的构建与实践. 地理科学进展，2010，29(5)：633～637.

摘要：大学本科阶段是创新性人才培养的关键时期。北京师范大学地理学基地一直在努力探索本科生早期科研训练的机制、模式与途径，以研究性教学和教学科研互动的新理念，依托基地所拥有的国家、教育部和北京市重点实验室、国家一级重点学科、国家级科学研究和教学研究项目等丰富的科研资源和院士、长江学者、杰出青年基金获得者、教学名师等高水平的"首席导师＋教学团队"师资，建立并完善本科生科研立项制度，构建多学科平台、多元模式、多阶段的"阶段—学科—能力"三维体系的因材施教的科研训练体系。

关键词：地理；科研能力训练；本科生；首席导师；教学团队

13. 苏筠，周钰，叶琳."同课—分类—异构"教学模式在高师"乡土地理"课程中的教改实践. 中国地质教育，2009，(1)：128～131.

摘要：本文提出了"同课—分类—异构"的教学模式，并以"乡土地理"课程为例进行具体阐述。说明基于同一门选修课程，根据学生的成才目标、学习动机及兴趣的差异进行分类教学与指导，分别针对"教学技能学习类"和"研究技能实践类"，异构教学目标、教学内容及方式、评价体系。这一模式有助于实现因材施教、以学生为本，提升教学效果和效率。

关键词：同课分类异构；教学模式；乡土地理；实践教学

14. 周钰，何亚琼，苏筠."乡土地理教学辅助系统"的设计与应用模式. 贵州师范大学学报(自然科学版)，2008，26(4)：113～116.

摘要：乡土地理教学强调区域性、实践性，但不同区域的教学对于学生实践能力的培养内涵是一致的。"乡土地理教学辅助系统"中设计了电子教案、区域地图、实践案例、实践技能、虚拟实习、数字乡土6大模块。并根据系统自身的设计特点，推荐了3种应用模式：案例实践模式、虚拟探究模式、区域建构模式。通过教学辅助系统的使用，提升学生的实践能力和创新能力。

关键词：乡土地理；教学辅助系统；虚拟实习；数字乡土；教学模式

15. 叶琳，杨文念，苏筠. 师生共建课程资源，构建学生区域地理认知结构//大学地球科学课程报告论坛组委会. 大学地球科学课程报告论坛论文集(2009). 北京：高等教育出版社，2010.

摘要：本文基于"叠加"和"比较"的思路，即通过对地理单要素叠加、时间维的叠加、不同区域间的对比，介绍了师生共同建设区域地理课程教学资源、促进学生构建区域地理认知结构的方法，并以北京市的区域地理教学为例进行了说明。这样的教学方法有助于提高教学资源的建设效率，同时有助于学生掌握区域地理的基本研究思路与方法。

关键词：区域地理；课程资源；北京市

16. 梁进社. 地理学的十四大原理. 地理科学，2009，29(3)：307～315.

摘要：已有的地理学原理可以概括成十四大要义。其中的"区位选择与放弃、区位选择是一种空间优化"这两条是关于区位选择的基本要义。关于地球表面差异性的要点包括："差异性的度量和解释受到尺度和规模的影响；热力差异是地表差异的基础；外驱动力对地理环境的形成与演变具有重要影响；风化、侵蚀、搬运和堆积是形成地表特性的一种基本自然过程；两地间的相互作用随其距离的增加而减小；地方的创造和发展建构了地球表层上差异化的关于人的世界；人口迁移、产品贸易与地表上的差异性互为因果。"关于人地关系的原理包括："人的个体或群体对空间上利益的竞争是人地关系的第一要义；地球表面的绝大多数要素的相互作用不能为人的个体或群体在其占据的空间内所掌控。""空间临界点"是地理分析的基本方法性原理。"地球表面不同尺度上人类活动的外部性是分析环境问题产生的起点；个人之间观念的差异，地区之间、国家之间利益的差异是人们在对地球资源、环境的利用与保护方面发生分歧或对立的基本因素"是关涉地球表面开发保护政策的要义。

关键词：地理学原理；自然地理学；人文地理学；教学

17. 周尚意，朱华晟. 人文地理学本科教学创新体系的构建与实践. 中国大学教学，2008，(11).

摘要：为适应高校战略转型和人才培养体制变革，人文地理学的本科教学工作亟待系统性的改进与创新。本文提出了人文地理学本科教学创新体系，其基本架构包括主体要素、环境要素和功能要素三个层次，主要创新层为功能要素层。本文以北京师范大学人文地理学的教学实践，总结该学校人文地理学本科教学创新体系中五个创新点的分布，即教学理念创新、课程内容体系编排创新、教学课堂拓展创新、教学模式方法的综合创新、测评方法多元的创新。教室课堂以及由之拓展的虚拟课堂、野外课堂是重要的创新实施环节。本文以该校若干年的教学探索与实践证明，该体系适合地理学本科生的人才培养需要，并有一定的高校间教学互鉴作用。文章最后指出，教学创新体系是一项需要持续增加投入的系统工程，通过不断完善教学环境基础设施和师生间有效的互动反馈机制，才能促进功能要素持续创新。

关键词：人文地理学；教学创新体系；功能要素创新

18. 邱扬，张英，韩静，王军，孟庆华. 生态退耕与植被演替的时空格局. 生态学杂志，2008，27(11)：2002～2009.

摘要：综述了多重尺度上生态退耕的时空格局及其对植被演替时空变异影响的研究进展，提出了生态退耕与植被演替的时空格局研究方向。在自然和人文等因子的驱动下，全球兴起了生态退耕的热潮，生态退耕类型正在由人工恢复为主向自然弃耕为主发展。尽管国内外很多学者开始关注不同尺度上生态退耕的时空格局及其影响因子，但是生态退耕的时空变异性研究仍然比较薄弱，尤其缺乏多重尺度上生态退耕时空格局及其驱动因子的综合研究，在很大程度上限制了研究结果外推。研究表明，受到多因子的综合影响，生态退耕后植被演替呈现出复杂多样的时空变化特征；退耕植被演替研究从植物群落结构特征分析为主向群落功能分析发展，从传统的演替过程规律分析转向退耕植被演替的时空变异性分析；相对来说，生态退耕后植被演替的时空分异、影响因子和机制方面的研究比较薄弱。加强多重尺度上生态退耕时空格局与植被演替时空变异的综合研究是将来的研究重点。

关键词：生态退耕；时空格局；植被演替；尺度

19. 魏本勇，李亚楠，严晓丹，方修琦. 利用树木年轮重建小五台山地区1895年以来2～5月的降水量. 北京师范大学学报(自然科学版)，2008，44(1)：96～102.

摘要：树木年轮是获取过去气候变化信息的重要手段之一。我国华北地区，因为人类活动的强烈影响而较难保存较长的树木年轮记录。本文利用取自小五台山地区百年以上的树轮宽度资料，通过分析小五台山地区树木径向生长与气候要素变化的响应。

关键词：树木年轮；降水量；小五台山

20. 瞿英，刘素红，谢云. 植被覆盖度计算机模拟模型与参数敏感性分析. 作物学报，2008，34(11)：1964～1969.

摘要：植被覆盖度是重要的生态学参数，对水文、生态、全球变化等研究具有重大意义。目前使用的目测估算法和数码照相法都具有一定的主观性，另外通过自然界中相似样方的大量测量获得稳定的统计规律具有很大的难度，因此建立叶面积指数和植被覆盖度之间的统计模型是估算植被覆盖度的有效方法。本文以大豆为例，利用椭圆来模拟大豆的叶片，选取大豆植株结构的关键参数，通过随机分布函数来模拟植株叶片位置、倾角和大小的分布，获得不同植被结构参数下单位面积上的植被覆盖度，建立植被覆盖度计算机模拟模型。通过实测数据和理论研究结论来验证模拟结果。对模型的参数敏感性进行分析结果表明，叶半短轴是比叶半长轴更为敏感的植被结构参数。该模型为植被覆盖度的研究提供了一种新的思路和方法。

关键词：植被覆盖度；计算机模拟模型；参数敏感性；大豆

21. 李霞，孙睿，李远，王修信，谢东辉，严晓丹，朱启疆，北京海淀公园绿地二氧化碳通量研究. 生态学报(待刊).

摘要：作为城市生态系统的重要组成部分，城市绿地有着释氧固碳、降温增湿、吸收有毒有害气体、降尘、减噪等多种生态功能。本文在对北京海淀公园 2006 年 5 月到 2007 年 3 月的 CO_2 通量观测数据进行质量评价、数据剔除和插补的基础上，通过与温度、太阳辐射等气象数据的相关性分析，定量研究了海淀

公园绿地 CO_2 通量的日变化、年变化以及影响因子。结果表明，海淀公园绿地日 CO_2 通量在一年内具有明显的季节变化，植物生长季 3~10 月以吸收 CO_2 为主，11 月至次年 2 月以释放 CO_2 为主；年净生态系统生产力(NEP)为 $-8.755\ 4\ t/(hm^2 \cdot a)$，反映了海淀公园绿地具有较强的固碳能力。

关键词： 城市绿地；二氧化碳通量；数据插补；生态效益

22. 高晓飞，王晓岚，温淑瑶. 一种实用新型水稳性大团粒分析仪的研制. 实验室科学，2009，(1)：179~181.

摘要： 土壤水稳定性大团粒是一个重要的土壤物理性质指标。土壤水稳定性大团粒分析常用的仪器为 Yoder 团粒分析仪。根据 Yoder 团粒分析仪的原理，并参照国内生产的水稳定性大团粒分析仪和荷兰的 Eijkelkamp 公司生产的 Eijkelkamp 08.13 水稳定性大团粒分析仪，设计了一款实用新型的土壤水稳定性团粒分析仪。进行了改进：①采用了变速电机，无噪声，并可调节振动频率；②采用定时设置；③每套筛子由 6 个不锈钢筛组成，筛架固定在仪器下方，增加了仪器的稳定性，降低了仪器整体的重量和体积。

关键词： 土壤团粒；团粒分析仪；仪器特点

23. 高晓飞，杨洁，史海珍，王晓岚. 土壤水分蒸发测定实验方法的研究. 实验技术与管理，2009，26(6)：212~214.

摘要： 土壤水分蒸发是土壤水分平衡的重要因素，是土壤物理实验分析的重要测试项目之一。铝盒法和蒸发器法测定土壤蒸发是两种常见的测定方法，二者分别是室内实验和室外实验。为了使学生了解土壤蒸发的过程及特点，训练学生的科研数据获取能力，对实验项目进行了改进与发展。改进后的室内实验可以使学生了解土壤蒸发的过程，室外实验可以使学生掌握实际土壤蒸发的测定方法。实验现象比较明显，方法利于学生掌握。

关键词： 土壤蒸发；实验方法；蒸发过程；微型蒸发器

24. 高晓飞，史海珍，杨洁，王晓岚. 使用微型蒸发器测定土壤蒸发的研究进展. 水利水电科技进展，2010，30(1)：(待刊).

摘要： 对微型蒸发器相关的文献进行综合与分析，并对其应用进行了综述。认为微型蒸发器的材料以热容量高、导热性差的非金属材料为宜；蒸发器口径一般应大于 56 mm，小于 150 mm；深度以 150~200 mm 为宜；安装方法还可以进一步改进。合理运用微型蒸发器可以得到更精确的观测结果。

关键词： 微型蒸发器；裸土蒸发；冠层下蒸发；研究进展

25. 温淑瑶. 本科生"环境监测"实验课教学改革的初步尝试. 实验室科学，2007，(5)：34~36.

摘要： 为了培养大学本科生的创新能力，对本科生的"环境监测"实验课程进行了以下改革尝试：①通过比较同一指标传统实验方法与现代仪器测试方法的异同，让学生了解测定方法的发展，为学生创新兴趣的培养打下基础；②注重过程学习，使实验课学习—理论课学习互相促进，努力为学生提供培养创新能力的空间；③给学生提供仪器，促使学生完成科技小论文的撰写，给学生提供施展创新能力的平台；④改革实验课考核方式，肯定创新能力；⑤建立本科生科研项目制度，鼓励创新，使科研—教学互动。以上探索，增加了学生的兴趣，取得了较好的效果。

关键词： 实验教学改革；环境监测

26. 温淑瑶，邱维理，张宁，马占青，李容全. 从沙尘暴降尘中元素富集因子追踪元素的来源及其对环境的影响. 干旱区资源与环境，2010，24(5)：91~94.

摘要： 采用中子活化法和 X 射线吸收—沉降法对发生在中国甘肃武威地区的一次沙尘暴降尘中的 29 种元素的含量进行了分析，并分别以此次沙尘暴源区、传输过程中经过地区的不同土壤类型的元素背景值为参考，分别计算了沙尘暴降尘中 29 种元素的富集因子，研究了不同土壤类型间元素富集因子的相关性，探讨了各元素的主要来源：元素 As, Br, Ca, Cr, K, La, Sm, Ta, U, W, Zn 的富集因子均大于 2，说明它们可能有外来源，外来源主要是由采矿等人类活动造成，过量的这些元素随风迁移并沉积有可能污染环境并产生危害；元素 Ce, Co, Cs, Dy, Fe, Mn, Na, Rb, Sc, Tb, Th, Ti, V, Yb 的富集因子均接近 1(0.8~2)，说明这些元素主要来自自然界本身，而且性质较稳定；元素 Eu, Mg, Hf 的富集因子均小于 0.8，说明这些元素可能随水平移或向土壤深处下移。研究结果可作为沙尘暴对环境的影响的科学依据。

关键词：沙尘暴；降尘；富集因子；来源；环境

27. 温淑瑶，马占青，高晓飞，王晓岚．重铬酸钾法测定 COD 中存在的几个问题及改进研究进展．实验技术与管理，2010，27(1)：43～46.

摘要：肯定了传统的 COD 测定方法——重铬酸钾法的优点，指出了存在的不足和问题：耗时长、试剂用量大、耗水、耗电、费人工、排污严重、存在氯的干扰、贵金属的浪费．较为全面地叙述了对上述各问题改进的国内外研究进展，简单介绍了 COD 测定的几种新方法，指出了未来需要的是准确、快速、稳定、灵敏、价格合理、携带方便、无二次污染的环境友好型 COD 在线自动监测仪．

关键词：化学需氧量(COD)；重铬酸钾法；测定

28. 温淑瑶，陈素云，马占青，高晓飞，王晓岚．阳光下二氧化钛—膨润土对 SDBS 的降解．矿物岩石，2010，30(1)：106～110 (EI 收录).

摘要：实验以阳光照射 6 h 为条件研究 0.5‰TiO$_2$—膨润土对水中十二烷基苯磺酸钠(SDBS)的降解过程，结果表明：阳光照射下，TiO$_2$—膨润土复合催化剂去除水中 SDBS 的性能不仅优于 TiO$_2$，而且解决了 TiO$_2$颗粒细、难回收再用的问题；且在照射的同一时间段内，阳光中紫外光强度越强，SDBS 的去除率越高，即使在北方冬天紫外光强度十分弱的条件下(20～180 μW/cm^2)，TiO$_2$—膨润土复合催化剂仍能 6 h 去除 51.1% 的 SDBS．实验中还发现以太阳光为光源，TiO$_2$—膨润土去除模拟废水中的 SDBS 的最佳条件是：pH 为 6.00，TiO$_2$—膨润土的投加量约为 0.5‰，模拟废水的初始浓度约为 20 mg/L，与以紫光灯为光源时的最佳条件相近．

关键词：二氧化钛—膨润土；太阳光；十二烷基苯磺酸钠；降解

29. 郭中领，符素华，张学会，王向亮，王楠，高杨．土壤粒径重量分布分型特征的无标度区间．土壤通报，2010，41(3)：537～541.

摘要：土壤是一种具有分形特征的复杂系统．本文应用杨培岭提出的分形维数计算模型，选取北京地区 6 个土壤类型的 30 个样点，对其进行土壤颗粒粒径分形特征研究．结果表明土壤颗粒的无标度区间对准确计算土壤粒径的分形维数影响很大．北京地区土壤颗粒粒径的无标度区间为 0.002～0.1 mm，在此区间内求得的分形维数 D 更为准确．若不在无标度区间计算分形维数 D，求得的 D 值往往偏大，平均偏离幅度为 5.95%．无论是否考虑无标度区间，求得的 D 值皆呈弱变异性，因此，上述偏差对 D 值的计算准确性造成影响．

关键词：粒径重量分布；分形维数；无标度区间

30. 王晓岚，卡丽毕努尔，杨文念．土壤碱解氮测定方法比较．北京师范大学学报(自然科学版)，2010，46(1)：76～78.

摘要：使用德国产 GERHARD 凯氏定氮蒸馏系统测定碱解氮，对蒸馏条件进行了改进，确定蒸馏效率和蒸馏时间，样品可直接上机测定，与传统方法比较，碱解蒸馏法测定的结果更准确可靠，精密度高，为碱解氮测定提供了一种准确、快速蒸馏测定方法．

关键词：土壤；碱解氮；测定方法

31. Wang Haoxing, Zhang Wuming, Zhou Guoqing, Yan Guangjian, Nicholas Clinton. Image-based 3D corn reconstruction for retrieval of geometrical structural parameters. International Journal of Remote Sensing, 2009, 30(20): 5505～5513. (SCI).

摘要：本研究以玉米为研究对象，利用摄影测量理论以及计算机视觉理论从单株玉米多角度照片重建玉米三维模型，统计几何结构参数，为遥感几何结构参数获取提供支持．本实验研究的重点有：照片拍摄方案与定向方法，同名点匹配方法，三维点、曲线曲面重建方法以及基于三维模型的几何结构参数统计方法．进行了初步试验，建立了单株玉米三维模型，并从中统计了单株玉米叶面积与叶倾角分布．初步试验结果表明该方法具有可行性．

关键词：玉米；三维重建；几何结构参数

32. Zhang Wuming, Guo Xinping, Zhou Guoqing, Yan Guangjian. Study on blimp-based low-cost remote sensing platform. Proceedings of SPIE—The International Society for Optical Engineering, v 7145, 2008, Geoinformatics 2008 and Joint Conference on GIS and Built Environment: Monitoring and Assessment

of Natural Resources and Environments. (EI/ISTP).

摘要：讨论一种以无人驾驶飞艇为载体的低空遥感平台，包括应用领域、系统特点、硬件组成和数据获取与处理流程等。为了适应低成本与低载荷的要求，以微型数字罗盘代替常用的POS系统，并通过模拟试验对该平台可达到的定位精度进行了研究。

关键词：低空遥感平台；飞艇；数字罗盘

33. Wang Yiting, Li Xinliang, Zhang Wuming, Zhang Liqiang. Building extraction of urban area from high resolution remotely sensed panchromatic data of urban area. Proceedings of SPIE — The International Society for Optical Engineering, v 7144, 2008, Geoinformatics 2008 and Joint Conference on GIS and Built Environment: The Built Environment and Its Dynamics. (EI/ISTP).

摘要：随着IKONOS和QUICKBIRD等商用高分辨率遥感影像数据的普及，从中提取建筑物逐渐成为可能。由于没有充分利用先验知识，现有建筑物提取方法并没有达到满意的精度，为此提出一种新的建筑物提取方法。首先对图像进行纹理分割，在此过程中考虑建筑物的结构特征辅助检测和连接建筑物边缘；然后对建筑物内部进行填充；最后进行噪声去除。试验结果表明93.9%的建筑物信息被正确提取出来。

关键词：建筑物提取；遥感影像；先验知识

34. Wang Yiting, Li Xinliang, Zhang Liqiang, Zhang Wuming. Automatic road extraction of urban area from high spatial resolution remotely sensed imagery. ISPRS, 2008.

摘要：道路信息对于城市管理非常重要，因此从遥感影像中提取城区道路受到很多关注。随着新一代商业化传感器高空间分辨率影像的发展，如何快速、准确、自动化的提取道路信息成为遥感相关领域的前沿问题。现有主要的道路自动提取方法不能充分利用影像中道路的光谱信息，而且达不到所需的精度。考虑道路的光谱与几何特征等先验知识，我们开发了一种新的精确的、自动化的道路提取方法。这种方法包括三个步骤：粗分类，能够更充分的利用光谱信息，并保证道路的连续性以便于后续处理；道路连接算法，能够粗略提取道路骨架；结果修正，包括连接和平滑等以产生最终的结果。我们以北京为例，将所开发的算法用于Quickbird影像。结果表明，所开发方法有较高的实用价值，主干道路提取精度为96.7%，二级道路提取精度为74.3%。

关键词：道路提取；道路连接；K均值聚类；高空间分辨率